기초전자회로실험

황희수 지음

도서출판 홍릉

기초전자회로실험

인 쇄: 2020년 2월 17일 초판 1쇄
발 행: 2020년 2월 24일 초판 1쇄

저자와의
협의하에
인지생략

저 자: 황희수
발행인: 송 준
발행처: 도서출판 홍릉
주 소: 01093 서울시 강북구 인수봉로 50길 10
등 록: 1976년 10월 21일 제5-66호

전 화: 02-999-2274~5
팩 스: 02-905-6729
e-mail: hongpub@hongpub.co.kr
http://www.hongpub.co.kr
ISBN: 979-11-5600-732-6(93560)

정 가: 15,000원

머리말

전자 분야를 처음 배우는 학생들에게 필요한 기초적이고 중요한 실험을 다룬다. 알기 쉽도록 실험에 필요한 기초적이고 핵심적인 이론도 함께 제공된다. 실험에 대한 이해를 높이기 위해 실험마다 검토되어야 사항들을 제시하였다. 실험을 통해 기본적인 계측 장비의 사용법과 실험 결과 보고서 작성법도 익히게 된다.

다이오드, 트랜지스터와 같은 반도체 소자에 대한 기본 원리를 이해하고 이들 소자로 구성된 기초적인 전자회로의 동작 원리를 배울 수 있도록 실험을 구성하였다. 실험마다 실험결과 및 고찰을 두어 실험 결과를 검토하고 분석할 수 있게 하였다.

특히, 실험회로에 대해 Multisim을 사용해 시뮬레이션 결과를 제공해서 실험 결과와 비교 검토할 수 있게 하였다.

기초적인 전기전자 회로 앱인 'Electroid Pro'를 활용할 수 있도록 관련 실험에 앱의 계산 도구를 포함시켰다.

차례

CHAPTER 01

실험을 시작하기 전에

1.1 계측기 및 장비 사용 시 주의사항

1) 브레드보드

브레드보드 사용 시에 흔히 범하는 잘못을 알아보고 일반 준수사항(사용 편리성을 위함)과 반드시 지켜야 할 안전수칙에 대해 알아본다.

(1) 흔히 범하는 잘못

다음과 같은 실수에 유의해서 회로를 연결한다.

- 브레드보드의 양쪽을 점퍼 선으로 연결하는 것을 잊어버린다. 브레드보드의 중앙 홈을 기준으로 양쪽은 전기적으로 절연(격리)되어 있고 전원레일의 위쪽과 아래쪽도 전기적으로 절연(격리)되어 있다.
- 잘못된 행에 부품의 다리를 연결한다. 그림1에서 LED와 저항이 연결되어 있지 않다. 각 행의 5 개의 구멍은 전기적으로 연결되어 있음을 잊지 말자.

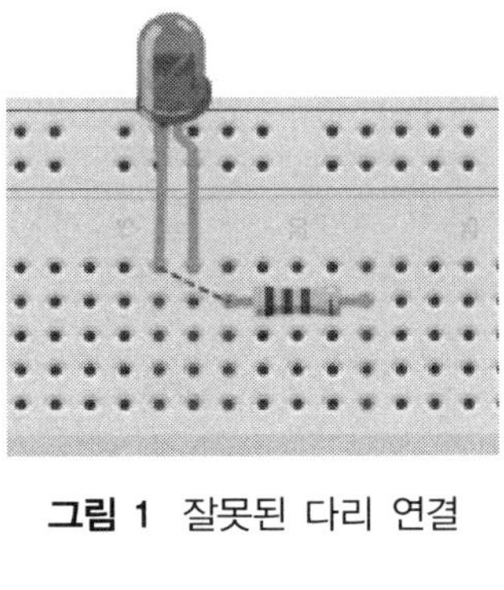

그림 1 잘못된 다리 연결

• 양극(+) 및 접지(−)에 전선을 섞어서 연결한다. 양극(+) 및 접지(−)를 혼합해 연결하면 회로가 작동하지 않는다(그림2). 저항의 다리가 양극(+)에 연결되어야 한다.

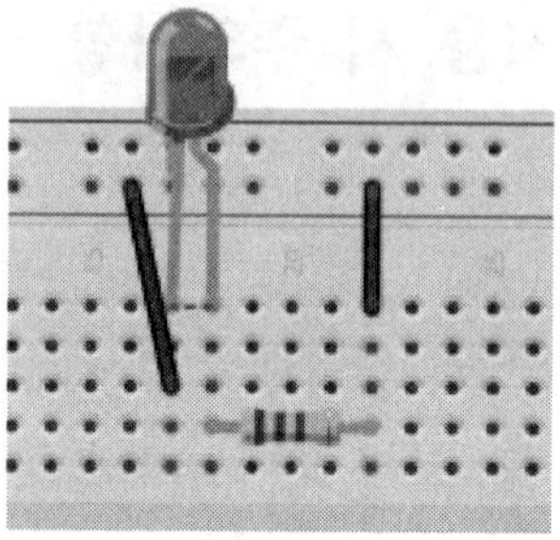

그림 2 잘못된 전원 연결

• 일부 부품(LED, 전해 커패시터 등)은 극성이 있어서 양극(+)과 음극(−)인 다리를 가진다(그림3). 극성이 잘못 연결되면 브레드보드와 부품이 손상될 수 있다.

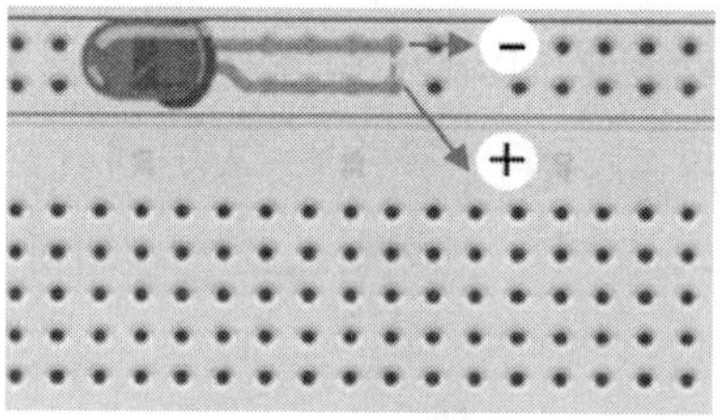

그림 3 LED 극성

• 브레드보드 구멍 안쪽으로 부품 다리를 단단히 밀어 넣지 않으면 전도성 클립과 부품 사이의 연결이 약해져 회로가 작동하지 않거나 불안정해질 수 있다.
• 부품의 다리 모두를 동일한 행에 연결하면 안 된다. 부품의 다리는 서로 다른 용도를 갖는데, 이를 동일 행에 삽입하면 회로 단락이 발생한다.
• IC의 경우 단락 방지를 위해 항상 중간 홈 위에 배치한다.
• 회로 단락의 또 다른 이유로 부품의 다리가 서로 닿는 경우이다. 부품을 연결할 때 불필요한 접촉이 발생하지 않도록 다리(리드 선)가 떨어져 연결되도록 한다.

(2) 일반 준수사항

- 회로를 색으로 구분한다. 양극(+) 선에는 빨간색 점퍼 선을 사용하고 접지(−)에는 검정색 점퍼 선을 사용한다. 색상은 점퍼 선을 통해 흐르는 전류에 영향을 미치지 않지만 선에 색 코드를 사용하면 회로 연결을 추적하기 쉽다.
- 브레드보드와 외부 부품을 연결할 때 유연한 점퍼 선을 사용하면 연결이 쉽고 움직임이 유연해진다.
- 브레드보드에서 회로 공간이 더 필요한 경우 측면에 다른 브레드보드를 연결해서 회로 공간을 확장할 수 있다.
- 스파게티 회로 연결(그림4.a)을 피하려면 부품 사이의 연결에 적절한 길이의 점퍼 선을 사용한다(그림4.b).

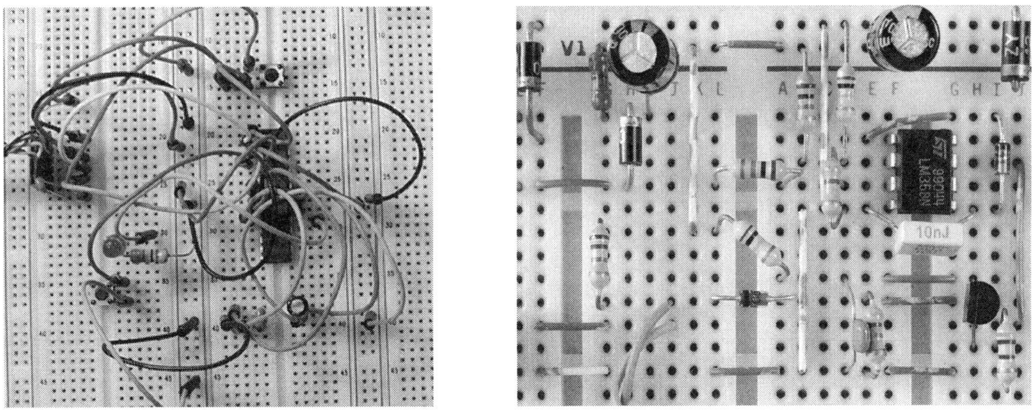

(a) 스파게티 회로 (b) 적절한 연결

그림 4 점퍼 선의 연결

(3) 안전 수칙

다음은 브레드보드 사용 시에 반드시 지켜야 한다.

☑ 전원 단자를 서로 연결하지 않는다. 단락이 발생해 전원공급 장치가 손상된다.

☑ 브레드보드를 전원공급 장치에 연결한 상태로 방치하지 않는다.

☑ 주 회로가 작동 중일 때는 맨손으로 집적회로 부품을 만지지 않는다. 집적회로 부품은 정전기에 민감해서 신체에 축적된 정전기로 손상 될 수 있다.

☑ 정전기를 피하려면 접지 된 금속을 만지거나 절연된 칩 핀셋을 사용해 부품을 고정한다.

☑ 회로가 작동하는 동안 브레드보드에서 부품을 제거하거나 삽입하지 않는다. 작업하기 전에 회로에서 전원을 차단한다.

☑ 극성이 있는 부품(예: 전해 커패시터, 압전 스피커, LED, 전원공급 장치 등)은 회로에 연결할 때 극성을 확인하고 연결한다. 전해 커패시터의 극성을 바꾸면 커패시터 내부의 유전체가 분해되어 폭발한다.

☑ 회로를 만들 때 연기가 보이거나 냄새가 나면 즉시 전원공급 장치를 분리한다.

☑ 브레드보드에 액체가 들어가지 않도록 한다. 액체를 브레드보드에 흘린 경우 즉시 전원공급 장치에서 플러그를 뽑고 모든 부품을 제거한 후 브레드보드를 뒤집어 액체를 구멍에서 배출시킨 후 완전히 마른 후에 사용한다.

☑ 작업 공간을 항상 깨끗하고 정돈된 상태로 유지한다.

2) 디지털 멀티미터(DMM)

DMM이나 시험 중인 장비의 손상을 피하려면 다음의 지침을 준수해야 한다.

- 저항, 연속성, 다이오드 또는 정전용량을 테스트하기 전에 회로전원을 차단하고 모든 고전압 커패시터를 방전시킨다.
- 측정에 적합한 기능과 범위를 사용한다.
- 회로에서 전류를 측정할 때 회로의 전원을 차단한 상태에서 DMM을 회로에 연결하고 회로 전원을 켠다.
- 범위 스위치(노브)를 돌려서 DMM의 측정 기능을 변경하려면 테스트 리드를 회로에서 먼저 분리한 후 실행한다.
- 트랜지스터를 테스트 할 때 트랜지스터를 삽입하기 전에 항상 테스트 리드가 측정 회로에서 분리되어 있어야 한다.

3) 오실로스코프

오실로스코프를 사용하기 전에 기기의 올바른 작동을 확인하려면 다음과 같은 검사를 실행한다. 그림5의 Tektronix TBS1022를 예로 설명한다.

① 오실로스코프가 올바르게 작동하고 있는지 확인하려면 오실로스코프의 전원을 켜고 기본 값 설정("Default Setup") 버튼을 누른다.

② 프로브를 CH1 BNC 커넥터에 연결하고 프로브 팁과 기준 리드선을 PROBE COMP 터미널에 연결한다.

③ 자동설정("Auto Setup") 버튼을 누른다. 몇 초 내에 1 KHz의 V_{p-p}= 5 V인 구형파가 화면에 표시된다. 전면 패널의 채널1의 "1" 버튼을 두 번 눌러 채널1을 제거하고 채널2의 "2" 버튼을 눌러 채널 2를 표시한 다음 ②~③ 단계를 반복한다.

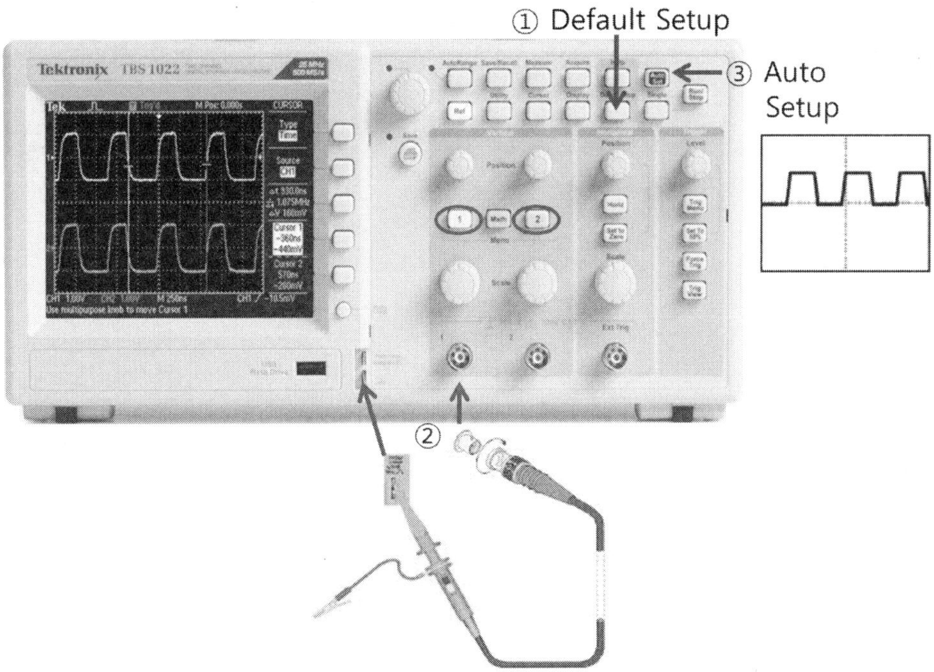

그림 5 Tekronix 오실로스코프

1.2 보고서 작성

실험 보고서는 실험의 목적, 실험에 대한 기본적인 이론과 실험 회로, 실험 순서, 실험결과(표와 그래프), 결과고찰 및 참고사항을 포함한다. 실험 목적과 함께 기초 이론과 실험회로에 대한 이해는 실험 전에 선행되어야 올바른 실험을 수행할 수 있다. 실험결과는 실험조건, 실험도구와 실험방법이 함께 제시되어야 하고 측정된 결과에 대한 검토와 고찰이 반드시 포함되어야 한다.

<table>
<tr><th colspan="4">실험 보고서</th></tr>
<tr><td rowspan="2">과목명</td><td rowspan="2"></td><td>학과</td><td></td></tr>
<tr><td>학번</td><td></td></tr>
<tr><td>실험조</td><td></td><td>이름</td><td></td></tr>
<tr><td colspan="4">1. 실험명

2. 실험 목적

3. 이론
- 기초 이론
- 실험회로와 동작원리
- 실험 순서

4. 실험결과
- 측정치와 계산치
- 표와 그래프

5. 결과고찰

6. 참고사항</td></tr>
</table>

CHAPTER

02 부품 읽기

2.1 수동소자(저항, 축전기, 인덕터) 읽기

수동소자는 증폭이나 에너지의 변환과 같은 능동적 기능을 갖지 않는 소자로 에너지를 단지 소비, 축적 또는 통과시키는 수동적 기능만을 수행한다. 수동소자에는 저항, 축전기(커패시터, 콘덴서), 코일(인덕터) 등이 있다. 수동소자 가운데 저항, 축전기, 인덕터의 종류와 판독법에 대해 알아본다.

실험 목적

저항, 축전기, 인덕터의 종류와 형명을 읽는 법을 배운다.

이론

1) 저항

배관 속을 흐르는 물의 양은 배관의 굵기, 길이, 종류에 따라 다르다. 이와 마찬가지로 전지의 두 극을 도선으로 연결할 때 도선에 흐르는 전류의 세기도 도선의 굵기, 길이, 종류에 따라 달라진다. 이는 도선의 굵기, 길이, 종류에 따라서 전류가 쉽게 흐르거나 그렇지 못하기 때문이다. 도선의 전기저항은 다음 식으로 계산된다.

$$R = \rho \frac{L}{A} \, [\Omega]$$

여기서 ρ는 그림1과 같이 비저항으로 물질에 따라 다르고, L은 도선의 길이, A는 도선의 단면적이고 $\sigma = \frac{1}{\rho}$는 전기 전도도이다.

Material	Resistivity ρ (Ω·m)		Temp. coefficient α (per °C)	Conductivity σ (S/m)	
Carbon (graphene)	1.0	$\times10^{-8}$	-0.0002	1.0	$\times10^{8}$
Silver	1.59	$\times10^{-8}$	0.003819	6.29	$\times10^{7}$
Copper	1.68	$\times10^{-8}$	0.0039	5.95	$\times10^{7}$
Gold	2.44	$\times10^{-8}$	0.0034	4.10	$\times10^{7}$
Aluminium	2.82	$\times10^{-8}$	0.0039	3.5	$\times10^{7}$
Calcium	3.36	$\times10^{-8}$	0.0041	2.98	$\times10^{7}$
Tungsten	5.6	$\times10^{-8}$	0.0045	1.79	$\times10^{7}$
Zinc	5.9	$\times10^{-8}$	0.0037	1.69	$\times10^{7}$
Nickel	6.99	$\times10^{-8}$	0.0060	1.43	$\times10^{7}$
Lithium	9.28	$\times10^{-8}$	0.0060	1.08	$\times10^{7}$
Iron	9.71	$\times10^{-8}$	0.005671	1.03	$\times10^{7}$
Platinum	1.06	$\times10^{-7}$	0.003927	9.43	$\times10^{6}$

그림 1 비저항

출처 ElectroDroid

일반적으로 전선에서 전류의 흐름을 방해하는 작용을 저항(전기 저항)이라 하고 전압강하를 일으킨다. 그림2와 같이 전선의 표준 규격(SWG: Standard Wire Gauge)과 미국 규격(AWG: American Wire Gauge)은 전선 지름에 따라 번호를 붙이고 km당 저항과 최대 주파수를 표시한다.

Standard Wire Gauge SWG		Gauge Number	American Wire Gauge AWG				
inches	mm		inches	mm	mm²	Ω/km (*)	max freq. (**)
0.4640	11.786	000000	-	-	-	-	-
0.4320	10.973	00000	-	-	-	-	-
0.4000	10.160	0000	0.46000	11.684	107.219	0.1608	125Hz
0.3720	9.4488	000	0.40964	10.405	85.0288	0.2028	160Hz
0.3480	8.8392	00	0.36480	9.2658	67.4309	0.2557	200Hz
0.3240	8.2296	0	0.32486	8.2515	53.4751	0.3224	250Hz
0.3000	7.6200	1	0.28930	7.3481	42.4077	0.4065	325Hz
0.2760	7.0104	2	0.25763	6.5437	33.6308	0.5126	410Hz
0.2520	6.4008	3	0.22942	5.8273	26.6705	0.6464	500Hz
0.2320	5.8928	4	0.20431	5.1894	21.1506	0.8151	650Hz
0.2120	5.3848	5	0.18194	4.6213	16.7732	1.0278	810Hz
0.1920	4.8768	6	0.16202	4.1154	13.3018	1.2961	1100Hz
0.1760	4.4704	7	0.14429	3.6649	10.5488	1.6343	1300Hz
0.1600	4.0640	8	0.12849	3.2636	8.36556	2.0608	1650Hz
0.1440	3.6576	9	0.11442	2.9064	6.63419	2.5987	2050Hz
0.1280	3.2512	10	0.10190	2.5882	5.26115	3.2768	2600Hz
0.1160	2.9464	11	0.09074	2.3048	4.17229	4.1320	3200Hz
0.1040	2.6416	12	0.08081	2.0525	3.30877	5.2104	4150Hz
0.0920	2.3368	13	0.07196	1.8278	2.62398	6.5702	5300Hz
0.0800	2.0320	14	0.06408	1.6277	2.08091	8.2848	6700Hz
0.0720	1.8288	15	0.05707	1.4495	1.65023	10.447	8250Hz
0.0640	1.6256	16	0.05082	1.2908	1.30870	13.173	11kHz
0.0560	1.4224	17	0.04526	1.1495	1.03784	16.611	13kHz

그림 2 전선 규격

출처 ElectroDroid

대부분의 저항은 그림3과 같이 원통형으로 2개의 리드 선을 갖는다. 이런 저항은 크기가 작아 숫자로 용량을 표시하기 어려워 색 코드를 이용한다. 이 색 코드는 저항의 정밀도에 따라 4색이나 5색 띠를 가지며 개별 띠의 색상은 그림4의 값을 나타낸다. 그림3과 같은 4색(노랑/보라/빨강/금색) 저항의 저항 값을 계산하면 다음과 같다.

첫째 색 띠-노랑: 4

둘째 색 띠-보라: 7

셋째 색 띠-빨강: 2(승수 표시, 10^2)

넷째 색 띠-금색: 허용오차 ±5 %

저항 값은 $47 \times 10^2 = 4700 = 4.7\ \mathrm{K}\Omega \pm 5\ \%$이다.

그림 3 색저항

색	수치	승수	정밀도
검정	0	0	
갈	1	1	±1
빨강	2	2	±2
오렌지	3	3	±0.05
노랑	4	4	
초록	5	5	±0.5
파랑	6	6	±0.25
보라	7	7	±0.1
회	8	8	
흰	9	9	
금		-1	±5
은		-2	±10
무			±20

그림 4 색 코드

칩(SMD) 저항은 처음 두 자리가 저항 수치이고 나머지 자리는 승수를 표시한다. 칩 저항에서 R은 소수점을 표시한다. 정밀한 칩 저항은 4개의 숫자로 구성되는데 마지막 숫자가 승수이다. 알파벳 R은 소수점을 나타낸다. 알파벳 J, K, M, F, G는 허용오차를 표시한다. J: ±5 %, K: ±10 %, M: ±20 %, F: ±1 %, G: ±2 %

다음과 같은 칩(SMD)저항 값을 읽어보자.

102 : 10×10^2 = 1 KΩ

R75 = 0.75 Ω

7R5 = 7.5 Ω

1002 = 100×10^2 = 10,000 Ω

2) 축전기

콘덴서 또는 커패시터라고도 하며 전기회로에서 전기 에너지(전하)를 저장하는 장치로 저장 용량의 크기를 정전용량(커패시턴스)이라 한다. 축전기 내부는 두 도체 판이 떨어져 있는 구조로 되어 있다. 두 도체 판 사이에 전압을 걸면 음극에는 (−)전하가, 양극에는 (+)전하가 유도되는데, 이로 인해 전기적 인력이 발생하고 이 인력에 의해 전하들이 모여 있게 되어 에너지가 저장된다. 용량성 부하라고도 하며 직류 전류에 대해 개방 회로로 동작하며(전류 흐르지 않음) 교류의 경우 주파수가 클수록 전류가 잘 흐른다. 정전용량은 다음 식으로 계산된다. 유전율과 도체 판의 면적이 커지면 정전용량도 커지고 도체 사이의 간격이 커지면 정전용량은 작아진다.

$$C = \epsilon \frac{S}{d} \ \text{[F]}$$

ϵ은 도체 판 사이 유전체의 유전율, d는 도체 사이의 간격, S는 도체 판의 면적

일반적으로 용량이 가장 큰 슈퍼커패시터는 단위로 F를 사용하고 전해커패시터와 탄탈 커패시터는 $\mu F(10^{-6} F)$ 단위를, 그 밖의 대부분은 $pF(10^{-12} F)$ 단위를 사용한다. 축전기의 형명은 저항처럼 3개의 숫자로 용량을 표시한다. 처음 두 숫자는 수치를 나머지 숫자는 승수를 표시한다. 숫자와 함께 알파벳을 사용하기도 한다. 이때 p는 단위가 pF임을 표시하며 소수점으로도 사용된다(그림5). n은 단위가 nF임을 나타내고 소수점으로 사용된다. 알파벳 J, K, M, F, G는 허용오차를 표시한다.

J: ±5 %, K: ±10 %, M: ±20 %, F: ±1 %, G: ±2 %

다음과 같은 콘덴서 용량을 읽어보자.

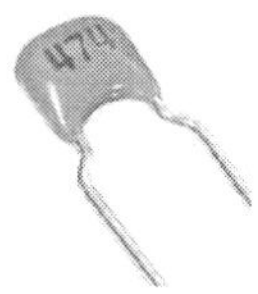

$474 = 47 \times 10^4 \ pF$
$= 470{,}000 \ pF$
$= 470 \ nF$

$103 = 10 \times 10^3 = 10{,}000 \ pF = 10 \ nF$

$5p6 = 5.6 \ pF$

$10p = 10\ pF$

$2n2 = 2.2\ nF$

$10n = 10\ nF$

Value	pico Farad	Code			
		EIA	A	B	C
0.5 pF	0.5	0R5	0.5	p5	
1.0 pF	1.0	1R0	1	1p0	
1.2 pF	1.2	1R2	1.2	1p2	
1.5 pF	1.5	1R5	1.5	1p5	
1.8 pF	1.8	1R8	1.8	1p8	
2.2 pF	2.2	2R2	2.2	2p2	
2.7 pF	2.7	2R7	2.7	2p7	
3.3 pF	3.3	3R3	3.3	3p3	
3.9 pF	3.9	3R9	3.9	3p9	
4.7 pF	4.7	4R7	4.7	4p7	
5.6 pF	5.6	5R6	5.6	5p6	
6.8 pF	6.8	6R8	6.8	6p8	
8.2 pF	8.2	8R2	8.2	8p2	
10 pF	10	100	10	10	
12 pF	12	120	12	12	
15 pF	15	150	15	15	
18 pF	18	180	18	18	
22 pF	22	220	22	22	

그림 5 축전지 표시 코드

출처 ElectroDroid

3) 인덕터

유도 계수를 사용하기 위해서 전선을 감은 수동 소자로 코일이라고도 한다. 전자 유도에 의한 자력선을 사용하기 위해 전선으로 감은 것을 권선이라고 한다. 유도성 부하라고도 하며 직류는 단락회로로 동작하기 때문에 전기적인 의미가 없고 교류는 전류가 상승하면, 인덕터에 유도된 기전력으로 인해 전압이 발생한다. 전류 변화에 대해 유도된 전압의 비율의 크기를 인덕턴스라 한다. 인덕턴스에는 회로에서 전류가 변화하면 쇄교자속도 변화하므로 이 변화를 막는 방향으로 기전력이 회로 내에서 발생하는 현상에 의한 자기인덕턴스와 2개의 전기회로가 근접해 있을 때 한쪽 회로의 전류 변화로 만들어지는 자속이 변화하고 이 자속 변화가 동시에 다른 쪽 회로에도 영향을 미쳐 기전력이 유도되는 현상에 의한 상호유도 인덕턴스가 있다. 자기 인덕턴스는 다음 식으로 계산된다.

$$L = \frac{d\Phi}{di} \text{ [H]}$$

여기서 Φ는 자속, i는 전류

인덕터의 형명은 기본적으로 저항과 마찬가지로 색 코드를 사용하며 처음 두 자리는 수치, 세 번째 자리는 승수를 표시한다. 기본 단위는 μH이다. 직접 숫자로 표시하는 경우 처음 두 자리는 수치, 나머지는 승수이다. 알파벳 R은 소수점을 나타낸다.
다음과 같은 칩 인덕터 용량을 읽어보자.

1R2 = 1.2 μH

150 = 15×10^0 = 15 μH

152 = 15×10^2 = 1,500 μH = 1.5 mH

실험

1) 부품 및 계측기

- 저항, 축전기, 인덕터
- 디지털멀티미터(DMM)

2) 실험 순서

① 저항의 색 코드를 보고 저항 값을 읽는다. 이 값과 DMM으로 측정한 저항 값 및 이들 사이의 오차를 표1에 기록한다.

② 축전지의 용량 표시를 읽어 정전용량 값을 표2에 기록한다.

③ 인덕터의 용량 표시를 읽어 유도용량 값을 표3에 기록한다.

3) 실험 결과

[표 1]

색 코드	읽은 값	측정값	오차 $= \frac{\text{측정값} - \text{이론값}}{\text{측정값}} \times 100(\%)$

[표 2]

표시 형명	정전 용량(커패시턴스)

[표 3]

표시 형명	유도 용량(인덕턴스)

4) 검토

• 앱(ElectroDroid) 활용

[저항 색 띠 찾기]

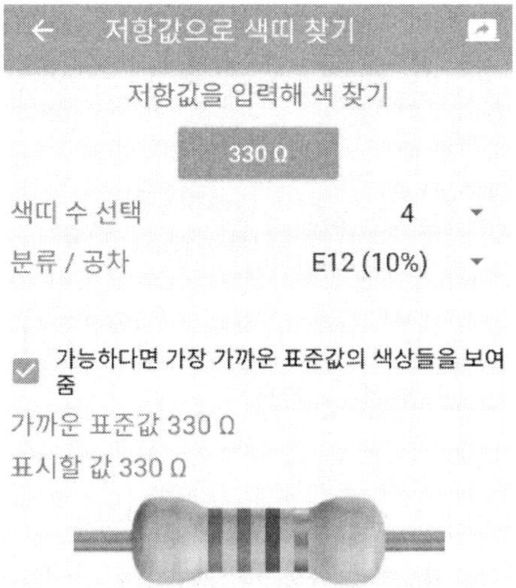

[SMD 저항 읽기]

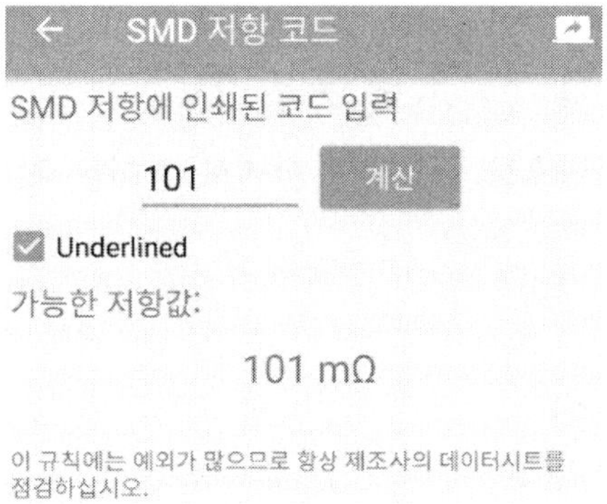

[저항(색 띠) 읽기]

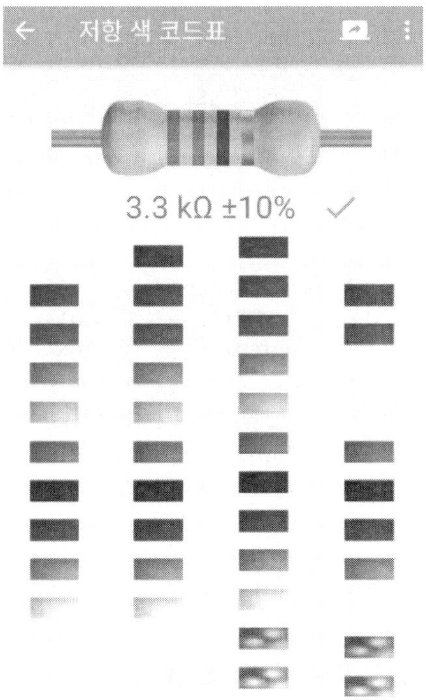

[코일(색 띠) 읽기]

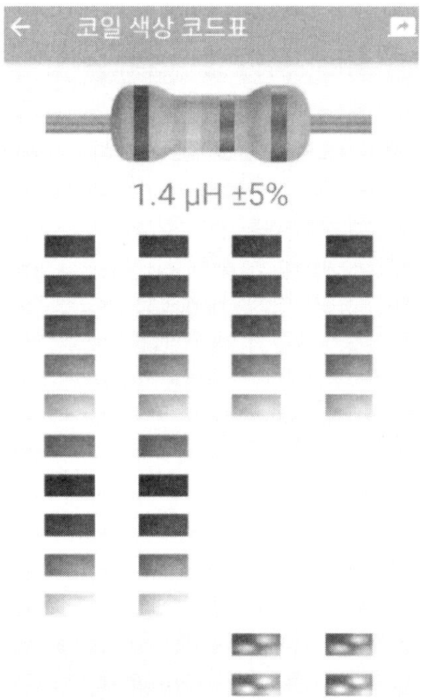

2.2 반도체 소자 읽기

반도체 소자의 형명에서 미국은 JEDEC에 따라 1N …, 2N … 과 같이 표시하고, 유럽은 로마자와 숫자를 조합해 표시하며 일본은 JIS와 EIAJ에 따라 2SA …, 2SB … 등으로 표시한다. 우리나라는 주로 일본의 형명 표시법을 사용한다. 이에 따르면 형명은 다음과 같이 5개 항으로 구성되며 항별로 의미를 갖는다.

2	S	A	735	A
1항	2항	3항	4항	5항

- 1항의 숫자 : 반도체 소자의 종별을 표시하고 숫자는 정류성 접합의 수를 표시
- 2항의 문자 : Semiconductor의 머리글자로 반도체 소자를 표시
- 3항의 문자 : 반도체 소자의 극성과 용도를 표시
- 4항의 숫자 : 1항과 3항에 의해 구별된 종별마다 11부터 시작하는 추가등록번호를 표시
- 5항의 문자(첨자) : A~M까지의 알파벳 대문자로 변경 순서를 나타내거나 다이오드 역극성에 대한 첨자를 표시(역극성 다이오드에는 형명 끝에 R을 붙임).

항	정의	예
1항	소자의 유효 전극 수에서 1을 뺀 숫자	0: 광트랜지스터, 광다이오드 등 1: 다이오드 등 2: 트랜지스터, 1-게이트 FEF 등 3: 2-게이트 FET 등
2항	반도체를 표시	S
3항	극성과 용도(저주파용, 고주파용)를 표시	A: pnp 트랜지스터, 고주파용 B: pnp 트랜지스터, 저주파용 C: npn 트랜지스터, 고주파용 D: npn 트랜지스터, 저주파용 F: p 게이트 정류소자(SCR) G: n 게이트 정류소자(SCR) H: 단접합 트랜지스터(UJT) J: p 채널 FET(전계효과용) K: n 채널 FET(전계효과용) M: TRIAC(쌍방향성 정류소자)
4항	11에서 시작하는 연번호로 등록 순으로 부여	
5항	일반적으로 기입하지 않으나 원형을 개량한 경우 알파벳 문자를 붙임	

2.3 다이오드 단자 판별

실험 목적

• 다이오드의 단자 판별법을 배운다.

이론

DMM을 사용해 다이오드의 극성을 식별할 수 있다. 그림1과 같이 DMM의 버튼을 저항 읽기에 두고 리드 잭을 다이오드 두 단자에 접촉했을 때 저항이 매우 작게 나오면 순방향 바이어스가 걸린 상태이고 저항이 매우 크게 나오면(OL: overload) 역방향 바이어스가 걸린 상태이다.

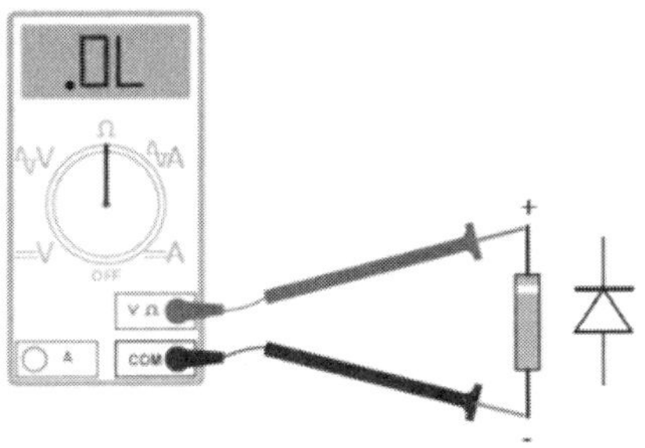

(a) 역방향 연결

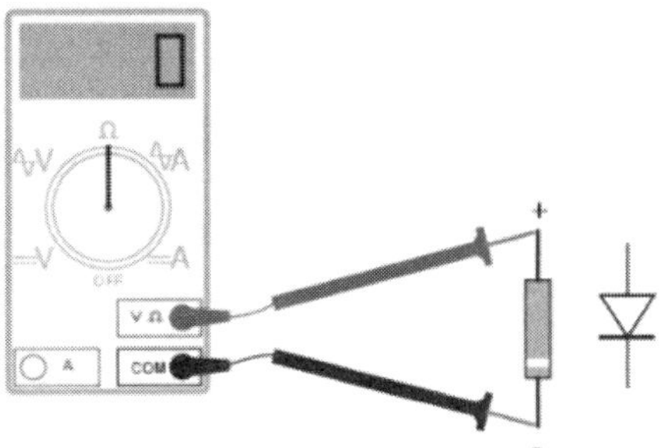

(b) 순방향 연결

그림 1 다이오드의 저항 값 읽기

실험

1) 부품 및 계측기

- 다이오드(Si: 1N4148, 1N4154 또는 등가, Ge: 1N34A 또는 등가)
- 디지털멀티미터(DMM)

2) 실험 순서

그림2와 같이 DMM의 버튼을 저항에 놓고 잭을 다이오드에 연결한다. 저항 값을 읽어 표1에 기록한다.

3) 실험 결과

[표 1]

표시 형명	저항 값	
	순방향	역방향

4) 검토

- 다이오드의 양극 단자와 음극 단자를 식별한다.

2.4 트랜지스터 단자 판별

실험 목적

- BJT 트랜지스터의 유형(npn, pnp) 및 단자를 식별하는 법을 배운다.

이론

DMM의 버튼을 2 kΩ 측정 범위에 위치시키고 리드 잭을 트랜지스터의 두 단자에 대었을 때 저항 값이 작게 나오면 순방향 바이어스가 걸린 상태로 붉은색 잭을 댄 단자가 p형, 검정색 잭을 댄 단자가 n형이다. 리드 잭을 두 단자에 반대로 대면 저항 값이 OL(무한대)로 표시한다(역방향 전압이 걸림). DMM으로 단자 간의 순방향 및 역방향의 저항을 측정한다.
큰 저항 값(또는 OL)을 나타내는 단자와 관련이 없는 단자가 베이스이다. DMM의 검정색 잭을 베이스 단자에 연결하고 붉은색 잭을 트랜지스터의 나머지 단자에 연결한다. 그림1과 같이 저항 값이 작으면 베이스가 n형이고 나머지 단자는 p형으로(순방향 연결) pnp이다. pnp인 경우 DMM의 검정색 잭을 베이스 단자에 연결하고 붉은색 잭을 트랜지스터의 다른 두 단자에 번갈아 연결해서 저항 값을 읽는다. 저항 값이 작은 경우가 베이스와 컬렉터가 연결된 것이고 남은 트랜지스터 단자는 이미터가 된다.

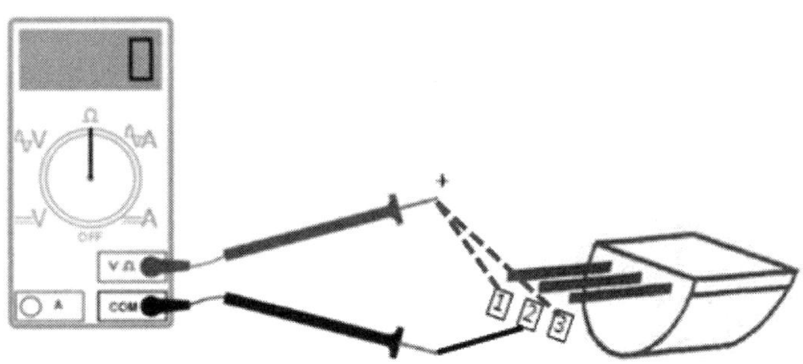

저항 값이 작은 경우가 베이스와 컬렉터 연결

그림 1 pnp(베이스가 2번인 경우)

그림2와 같이 저항 값이 크면 베이스가 p형이고 나머지 단자는 n형으로(역방향 연결)로 npn 이다.

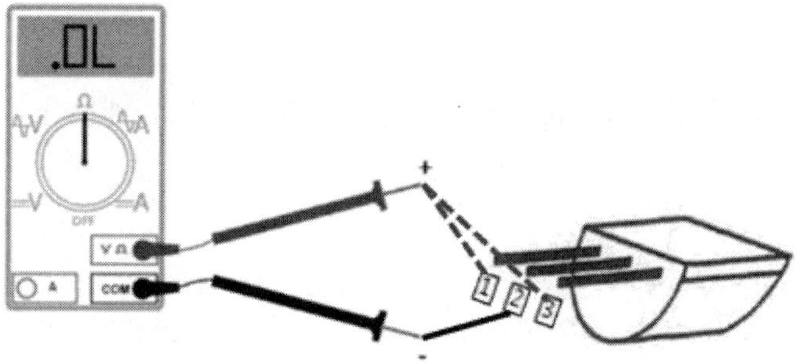

그림 2 npn(베이스가 2번인 경우)

npn인 경우 그림3과 같이 DMM의 붉은색 잭을 베이스 단자에 연결하고 검정색 잭을 트랜지스터의 다른 두 단자에 번갈아 연결해서 저항 값을 읽는다. 저항 값이 작은 경우가 베이스와 컬렉터가 연결된 것이고 남은 트랜지스터 단자는 이미터가 된다.

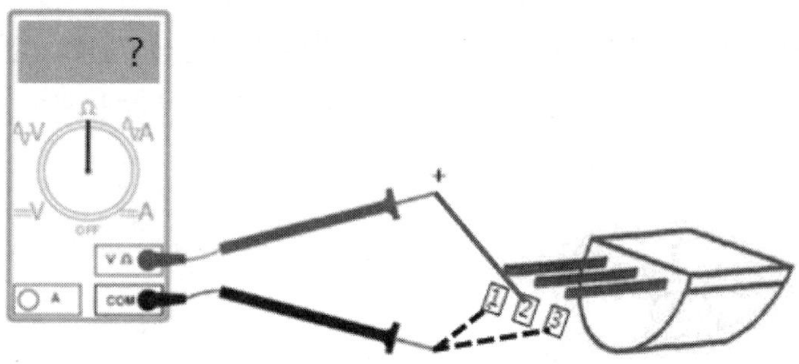

저항 값이 작은 경우가 베이스와 컬렉터 연결

그림 3 npn의 컬렉터와 이미터 판별(베이스 2번)

실험

1) 부품 및 계측기

- 트랜지스터(npn: 2N3704, 2N4400, QN3904 또는 등가, pnp: 2N3906, BC556 또는 등가)
- 디지털멀티미터(DMM)

2) 실험 순서

① 그림4와 같이 트랜지스터 단자에 1, 2, 3을 표시한다.

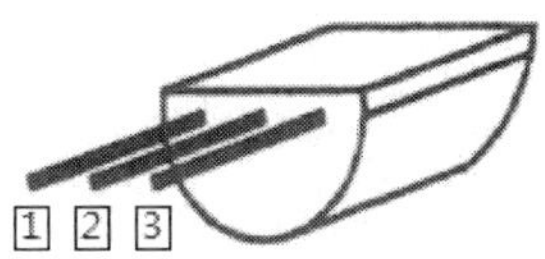

그림 4 트랜지스터

② DMM의 버튼을 저항(2 kΩ 측정 범위)에 놓는다.

③ 트랜지스터가 유형과 단자를 식별하기 위해 DMM의 리드 잭을 표1과 같이 연결한 후 각각의 지시 값을 읽어 기록한다. 큰 저항 값(또는 OL)을 나타내는 단자와 관련이 없는 단자가 베이스이다. 이를 이용해 표2에 베이스 단자 번호를 기록한다.

④ DMM의 검정색 잭을 베이스 단자에 연결하고 붉은색 잭을 트랜지스터의 나머지 단자에 연결한다. 지시 값이 작으면 pnp이고 지시 값이 크면 npn이다. 이를 표2에 기록한다.

⑤ pnp형: DMM의 검정색 잭을 베이스 단자에 연결하고 붉은색 잭을 트랜지스터의 다른 두 단자에 번갈아 연결한다. 두 지시 값 중에서 작은 값은 베이스와 컬렉터가 연결된 경우이고 남은 트랜지스터 단자는 이미터가 된다.

npn형: DMM의 붉은색 잭을 베이스 단자에 연결하고 검정색 잭을 트랜지스터의 다른 두 단자에 번갈아 연결한다. 두 지시 값 중에서 작은 값은 베이스와 컬렉터가 연결된 경우이고 남은 트랜지스터 단자는 이미터가 된다.

표2에 컬렉터와 이미터와 단자 번호를 기록한다.

3) 실험 결과

[표 1]

표시 형명	저항 값					
	1–2 순방향	1–2 역방향	2–3 순방향	2–3 역방향	1–3 순방향	1–3 역방향

[표 2]

표시 형명	형(npn 또는 pnp)	단자		
		이미터	베이스	컬렉터

4) 검토

- 트랜지스터 형명(npn, pnp)과 단자(베이스, 이미터, 컬렉터)를 식별한다.
- 데이터시트를 찾아 형명과 단자를 확인한다.

2N3903, 2N3904

2N3903 is a Preferred Device

General Purpose Transistors

NPN Silicon

Features

- Pb−Free Packages are Available*

ON Semiconductor®

http://onsemi.com

MAXIMUM RATINGS

Rating	Symbol	Value	Unit
Collector − Emitter Voltage	V_{CEO}	40	Vdc
Collector − Base Voltage	V_{CBO}	60	Vdc
Emitter − Base Voltage	V_{EBO}	6.0	Vdc
Collector Current − Continuous	I_C	200	mAdc
Total Device Dissipation @ T_A = 25°C Derate above 25°C	P_D	625 5.0	mW mW/°C
Total Device Dissipation @ T_C = 25°C Derate above 25°C	P_D	1.5 12	W mW/°C
Operating and Storage Junction Temperature Range	T_J, T_{stg}	−55 to +150	°C

TO−92
CASE 29
STYLE 1

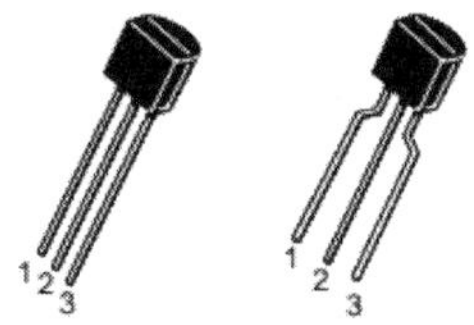

CHAPTER

03 다이오드 특성

실험 목적

- 다이오드의 순방향 및 역방향 전압과 전류와의 관계를 파악한다.
- 실험 데이터로 다이오드의 전압-전류 그래프를 그린다.

이론

저항이 도체와 절연체 사이인 반도체는 대표적인 것이 실리콘(Si)과 게르마늄(Ge)인데 불순물을 10N(99.9999999999%) 정도로 정제해야 한다. 이렇게 정제된 반도체를 진성(순수) 반도체라 부른다. 반도체에서 전류를 운반하는 캐리어로 자유전자와 정공이 있으며 더 많이 존재하는 캐리어를 다수 캐리어, 작게 존재하는 캐리어를 소수 캐리어라 한다. Si와 Ge는 온도가 올라가면 열에너지로 자유 캐리어가 증가해 도전율이 높아지고 저항이 감소한다. 상온에서는 도전율이 낮아 이를 높이기 위해 3가나 5가의 불순물을 미량 첨가해서 p형과 n형 반도체를 만든다. p형 반도체는 3가 원소(붕소, 갈륨 등)를 Si 및 Ge 진성 반도체에 첨가해서 만들며 이 때 다수 캐리어는 정공이 된다. n형 반도체는 5가 원소(인, 비소 등)를 Si 및 Ge 진성 반도체에 첨가해서 만들며 이 때 다수 캐리어는 자유전자가 된다. p형 반도체와 n형 반도체가 접합되면 pn 접합 다이오드가 되며 한 쪽 방향으로만 전류가 흐르게 된다.

다이오드는 외관에 검은색 띠로 음극을 표시한다(그림1.a). 다이오드가 동작하도록 외부에서 인가하는 전압을 바이어스라 부른다. 전압을 인가하지 않으면 pn 접합 다이오드는 평형 상태로 전류가 흐르지 않는다. 그림1.b와 같이 순방향의 전압(pn 접합 다이오드의 p형에 +극을 n형에 −극을 연결)을 인가하면 p영역의 정공이 n영역으로, n영역의 자유전자가 p영역으로 이동해서 순방향의 전류가 흐른다. 그림1.c와 같이 역방향 바이어스(pn 접합 다이오드의 n형에 +극을 p형에 −극을 연결)이 인가되면 소수 캐리어의 이동으로 미세한 전류가 n영역에서 p영역으로 흐른다. 이는 순방향 저항은 작은 반면 역방향 저항은 매우 크기 때문이다.

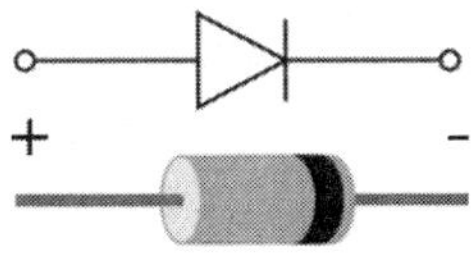

(a) 기호 및 모양

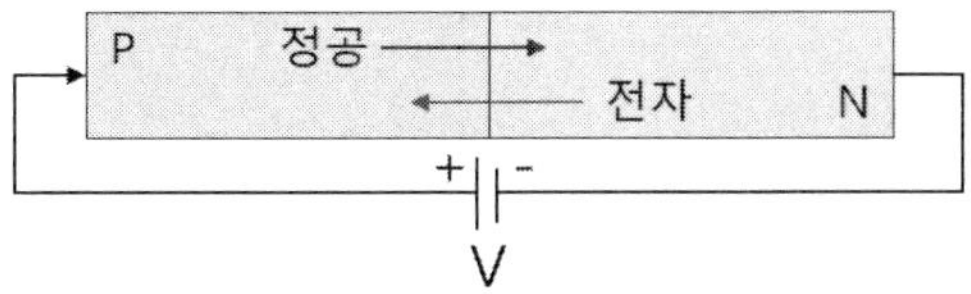

(b) 순방향 바이어스

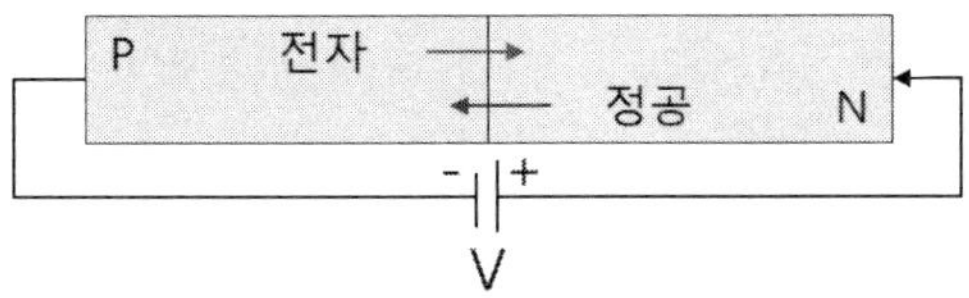

(c) 역방향 바이어스

그림 1 접합 다이오드

이상적인 다이오드의 전압전류 관계는 다음 식으로 표현된다.

$$I_D = I_s \cdot (e^{qV/nkT} - 1)$$

여기서, T: 절대온도(K), I_s는 역포화 전류(역방향 전압을 높여도 더 이상 증가하지 않는 전류), n은 이상계수로 실리콘은 2, 게르마늄은 1을 가짐, k는 볼쯔만 상수($1.38 \times 10^{-23} J/K$)이다.

접합 다이오드의 일반적인 전압-전류 특성을 표시하면 그림2.a와 같고 Si와 Ge에 대한 특성곡선은 그림2.b와 같다. Si 및 Ge 다이오드는 각각 대략 0.7 V와 0.2 V 이상에서 전류가 급격히 증가하기 시작한다. 이처럼 전류가 급격하게 증가하기 시작하는 전압을 다이오드의 문턱 전압이라 한다. 순방향의 전류가 흐를 때 다이오드는 약간의 저항을 가지며 이를 벌크 저항이라 한다. 이상적인 다이오드라면 역방향 전압이 인가되면 전류가 흐르지 않지만 실제의 다이오드에서는 미세한 전류가 흐른다(역방향 전류). 그림2.a에 보인 것과 같이 다이오드는 역방향으로 차단할 수 있는 전압에 한계가 있으며 이를 항복 전압 또는 제너 전압이라 한다. 항복 전압을 넘으면 더 이상 전류를 차단하지 못하고 역방향으로 전류가 흐른다.

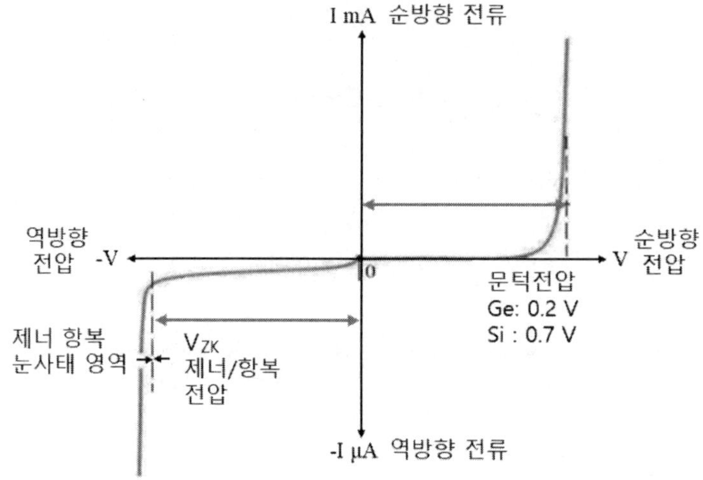

(a) 일반적인 다이오드 특성 곡선

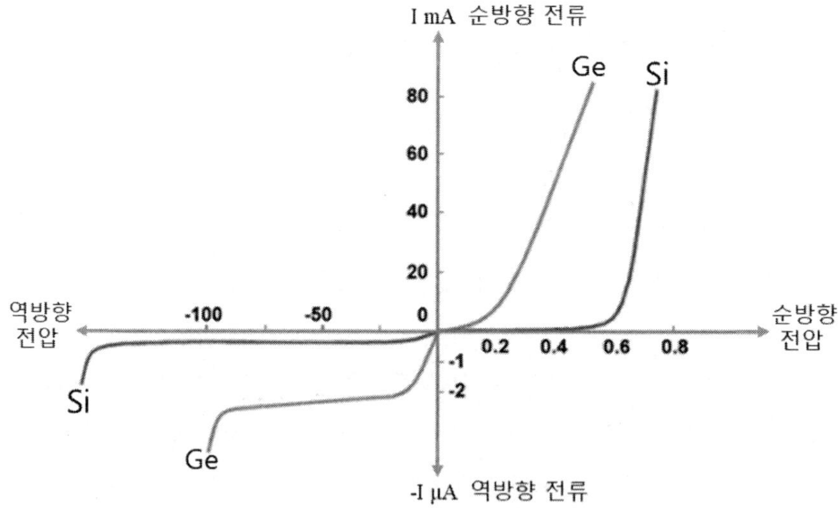

(b) Si, Ge 특성 곡선

그림 2 다이오드의 전압-전류 관계

실험

1) 부품 및 계측기

- 직류 전원공급기
- 다이오드(Si: 1N4148, 1N4154 또는 등가, Ge: 1N34A 또는 등가)
- 저항 1 KΩ
- 디지털멀티미터(DMM)

2) 실험 순서

① DMM의 버튼을 저항에 놓고 그림3과 같이 다이오드를 연결해서 저항 값을 읽어 표1에 기록한다.

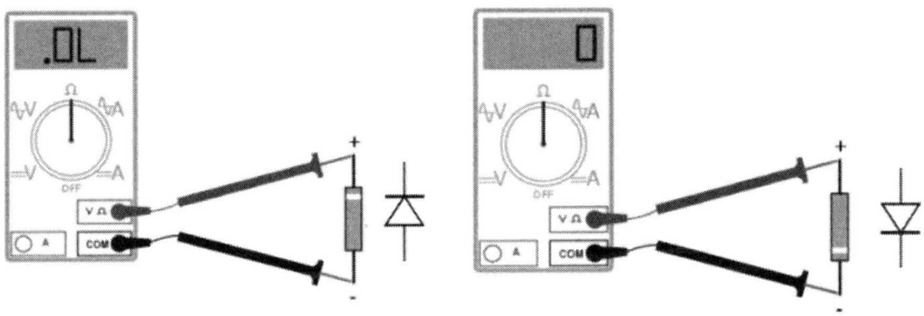

(a) 역방향 연결 (b) 순방향 연결

그림 3 다이오드의 저항 값 읽기

② 표2에 다이오드 문턱 전압과 저항을 기록한다.

③ Si 다이오드의 순방향 및 역방향 전류의 특성을 알아보기 위해 아래 그림4의 회로를 사용한다. 표3에서와 같이 다이오드에 걸리는 전압(V_D)을 변경하면서 저항에 걸리는 전압(V_R)을 측정하고 다이오드에 흐르는 전류(I_D)를 계산해서 표3에 기록한다. 이 때 저항 R은 측정값을 사용한다.

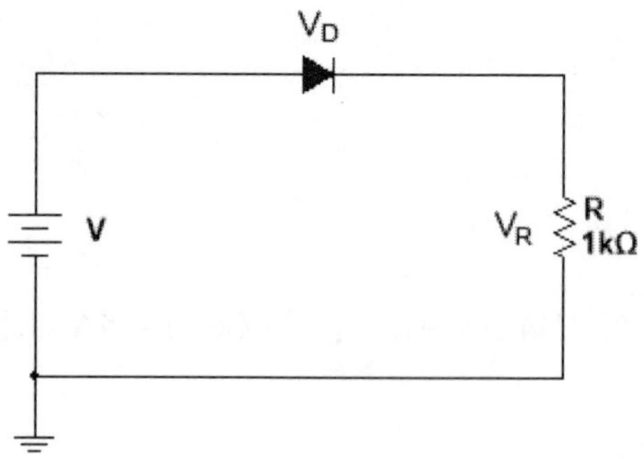

그림 4 다이오드 실험 회로

④ Ge 다이오드에 대해서 실험 ②와 ③을 반복한다.

3) 실험 결과

[표 1]

	저항 값
순방향	
역방향	

[표 2]

문턱 전압 [V]	R [kΩ]

[표 3]

순방향 바이어스			역방향 바이어스		
V_D[V]	V_R[V]	$I_D = \frac{V_R}{R_{측정}}$[A]	V_D[V]	V_R[V]	$I_D = \frac{V_R}{R_{측정}}$[A]
0			0		
0.1			−1		
0.2			−5		
0.25			−6		
0.3			−7		
0.4					
0.5					
0.6					
0.65					
0.7					
0.75					
0.8					

4) 검토

- DMM으로 다이오드의 방향을 파악한다.
- 다이오드의 저항을 계산한다.
- 표의 데이터를 사용해 Si, Ge 다이오드의 전압-전류 특성 곡선을 그린다. 곡선의 직선 구간에 접선을 그어 전압 축과 만나는 점에서 문턱 전압을 결정한다.
- Si, Ge 다이오드가 도통이 되는데 필요한 최소 전압을 파악한다.
- Multisim 활용

[시뮬레이션 회로]

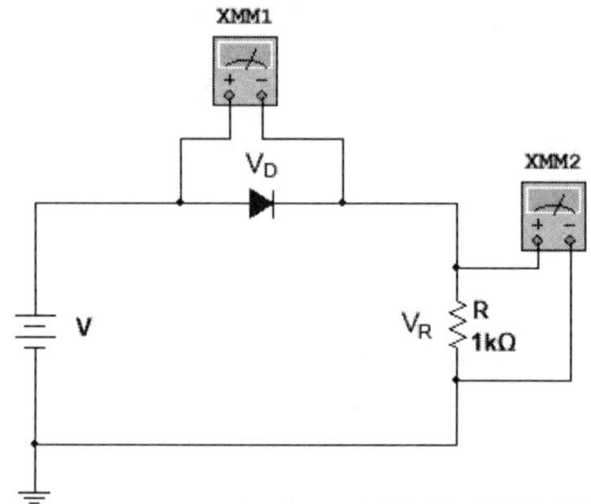

[$V_D = 0.4\ V$일 때]

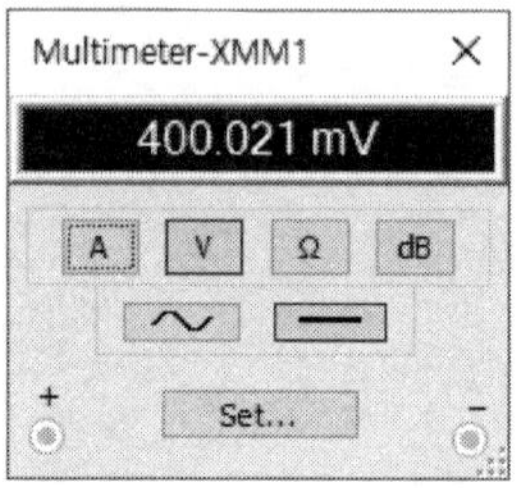

[$V_R = 0.27\ V$]

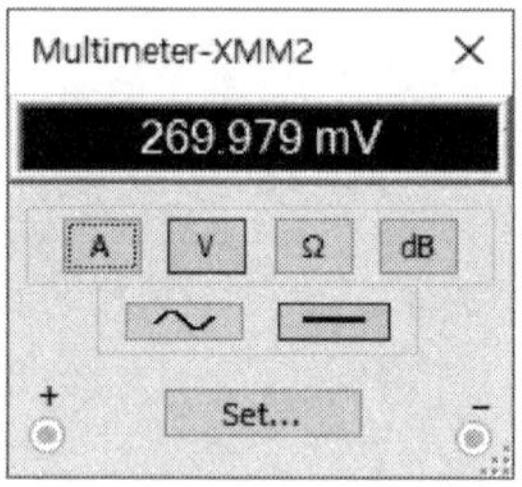

CHAPTER

04 직·병렬 다이오드 회로

실험 목적

• 직렬과 병렬로 구성된 다이오드 동작을 실험을 통해 배운다.

이론

직류 전원, 저항 및 다이오드가 포함된 회로의 동작은 다이오드의 상태(온, 오프)에 따라 달라진다. 그림1에 보인 것처럼 Si 다이오드에 전류가 흐르지 않을 때(오프 상태로 개방 회로)는 인가된 전압이 다이오드에 걸린다. 다이오드에 전류가 흐르려면 전원 전압이 다이오드의 문턱 전압 이상이 되어야 한다. 다이오드에 전류가 흐르기 시작하면(온 상태) 문턱 전압이 다이오드에 걸린다.

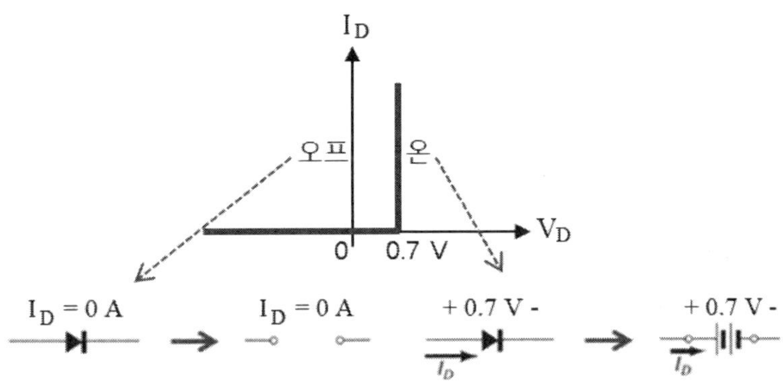

그림 1 Si 다이오드의 온·오프 동작

그림2의 회로에서 전압 V가 순방향으로 다이오드에 인가되면 저항에 걸리는 전압 $V_R = V - V_D$가 된다. V_D는 문턱 전압으로 Si 다이오드면 0.7 V, Ge 다이오드면 0.2 V이다. 다이오드에 문턱 전압 이하의 전압 또는 역방향 전압이 걸리면 그림3과 같이 다이오드는 개방되어 인가된 전압이 모두 다이오드에 걸린다.

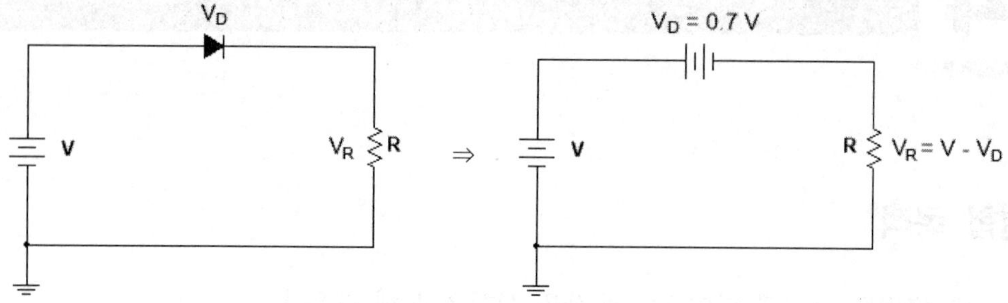

그림 2 순방향 바이어스

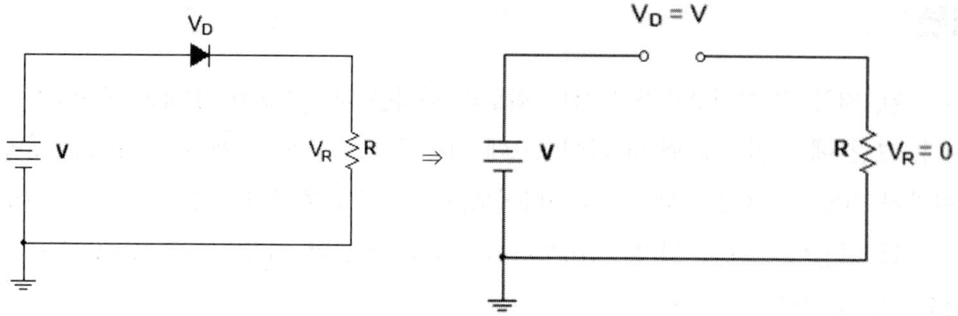

그림 3 문턱 전압 미만 또는 역방향 바이어스

실험

1) 부품 및 계측기

- 직류 전원공급기
- 다이오드(Si: 1N4148, 1N4154 또는 등가, Ge: 1N34A 또는 등가)
- 저항 330 Ω, 1 KΩ, 2.2 KΩ
- 디지털멀티미터(DMM)

2) 실험 순서

① 그림4의 회로를 연결한다. 저항(R_2)에 걸리는 전압(V_{R_2})과 전류(i_{R_2})를 측정해서 이론적으로 계산한 값과 함께 표1에 기록한다. 계산할 때 다이오드의 문턱 전압은 Si

0.7 V, Ge 0.3 V로 한다.

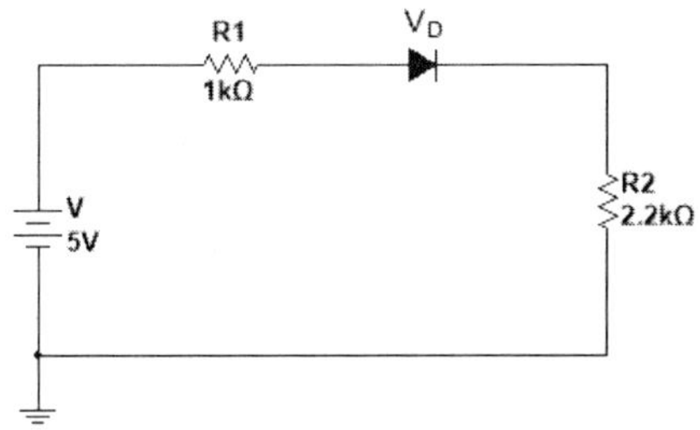

그림 4 실험 회로

② 그림5의 회로를 연결한다. 저항에 걸리는 전압(V_R)과 전류(i_R)을 측정하고 계산으로 구한 값과 함께 을 표2에 기록한다.

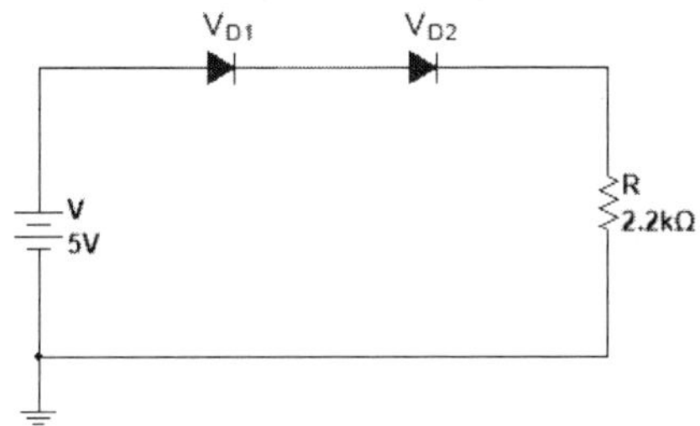

그림 5 실험 회로

③ 그림6의 회로를 연결한다. 출력 전압(V_o)와 다이오드에 흐르는 전류(i_{D1}, i_{D2})를 측정해서 표3에 기록한다.

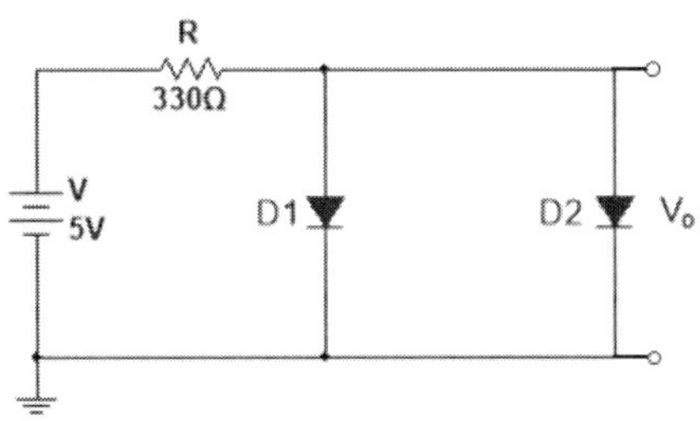

그림 6 실험 회로

3) 실험 결과

[표 1]

항목	측정 값	계산 값
V_{R_2} [V]		
i_{R_2} [mA]		

[표 2]

항목	측정 값	계산 값
V_R [V]		
i_R [mA]		

[표 3]

항목	측정 값
V_O [V]	
i_{D1} [mA]	
i_{D2} [mA]	

4) 검토

- 다이오드를 직렬 연결한 경우 다이오드에 걸리는 전압
- 다이오드를 병렬 연결한 경우 다이오드에 걸리는 전압과 전류
- Multisim 활용

[시뮬레이션 회로]

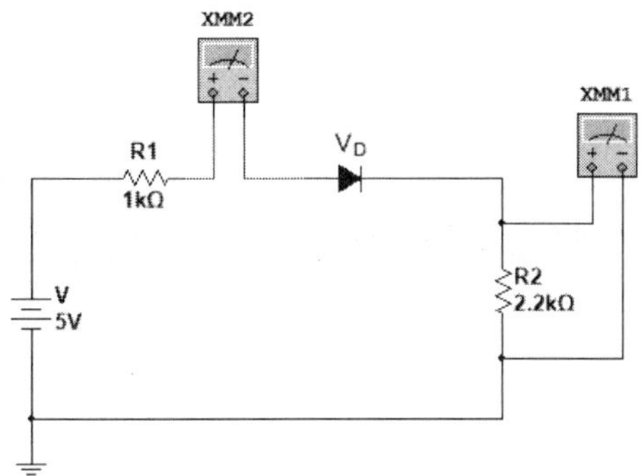

[전류(i_{R_2})] [전압(V_{R_2})]

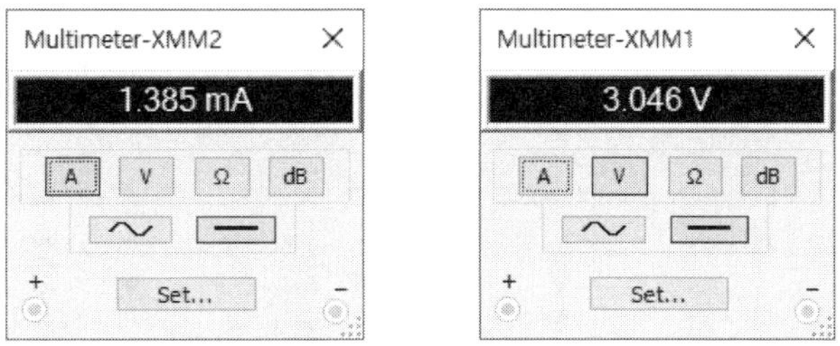

[시뮬레이션 회로(D1: Ge, D2: Si)]

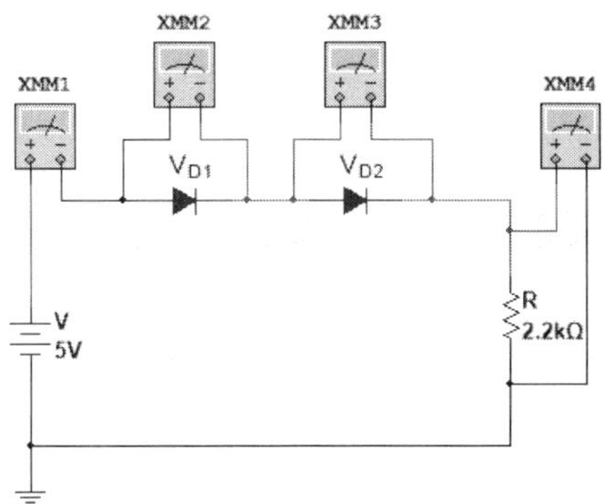

[전류(i_R)]

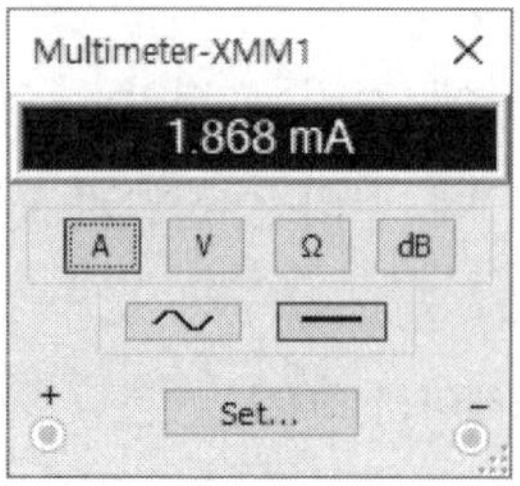

[전압(V_{D1})]

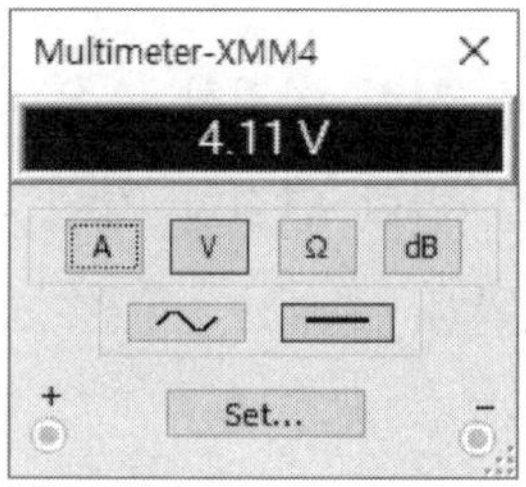

[전압(V_{D1})]

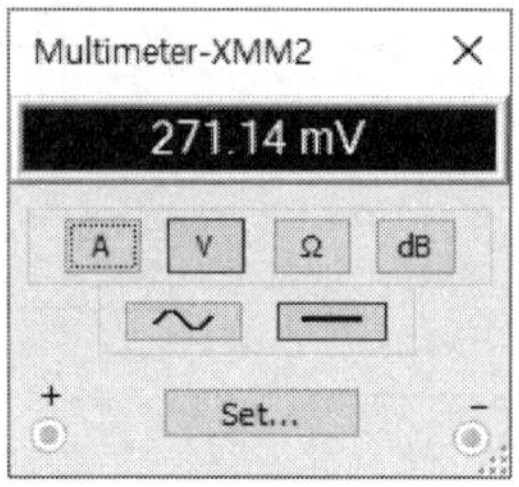

[전압(V_{D2})]

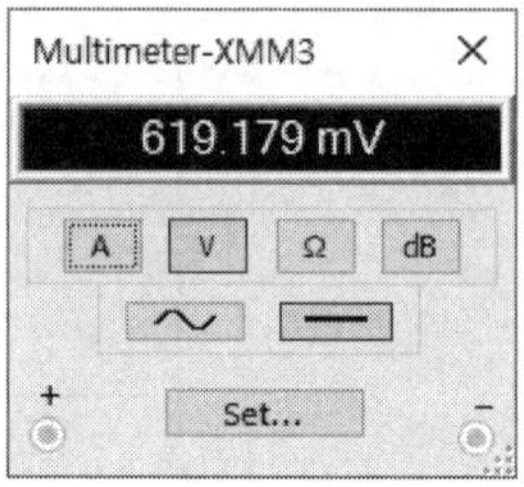

[시뮬레이션 회로(D1: Ge, D2: Si)]

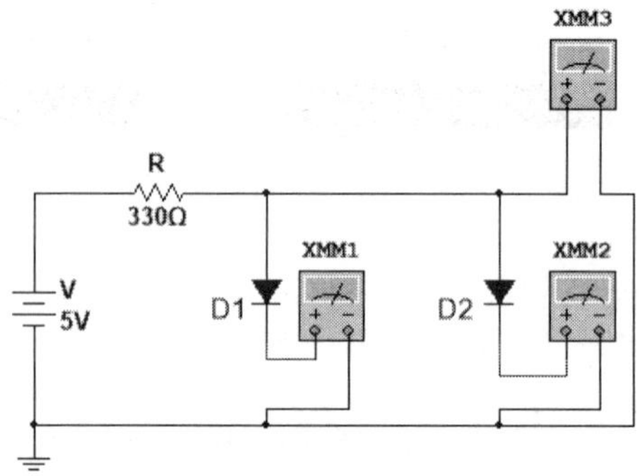

[전류(i_{D1})]

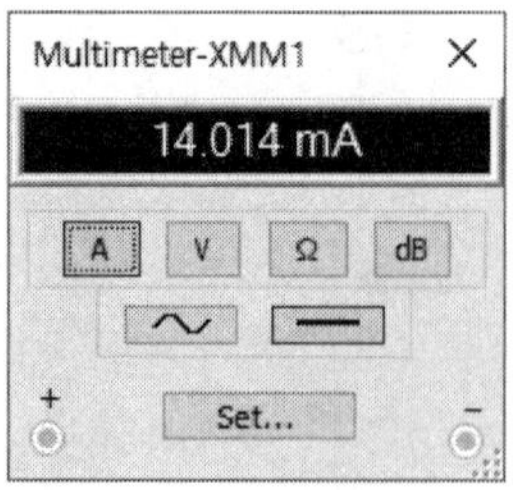

[전류(i_{D2})]

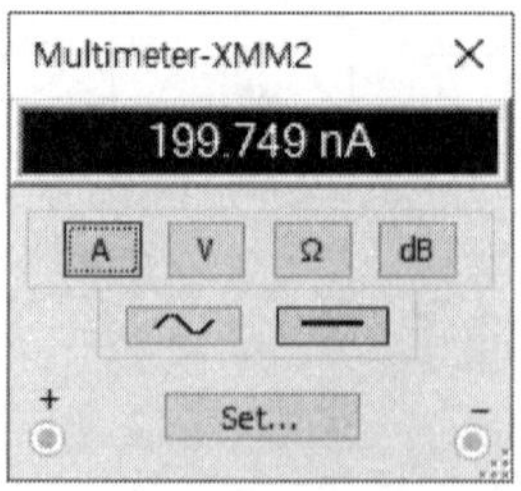

[전압(V_o)]

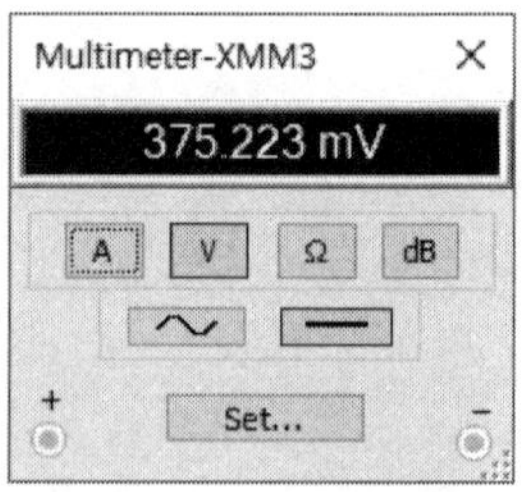

CHAPTER

05 정류회로

실험 목적

• 반파 및 전파 정류회로의 출력 파형과 그 동작 원리를 이해한다.

이론

정류회로는 교류 전원을 직류 전원으로 변환하는 전기회로를 말한다. 정류회로에는 주로 반도체 다이오드가 사용되며, 정류에는 반파정류와 전파정류의 2가지가 있다. 교류는 양과 음의 전기가 번갈아 흐르는데, 어느 한쪽만을 흐르게 하는 정류방식을 반파정류라 하고, 양과 음 어느 한쪽을 반전시켜 교류 전체를 직류로 변환하는 방식을 전파정류라 한다.

1) 반파 정류

반파정류는 교류 전원을 인가하면 양(+)인 주기는 도통되고 음(−)인 주기는 차단시켜 양(+)의 파형을 출력한다. 다이오드를 이용한 반파정류회로에 교류 전압 $V(t) = V_{pk}\sin(2\pi ft)$가 인가되었을 때 입출력 파형은 그림1과 같다. 출력 파형의 주파수는 입력과 동일하고 최대 출력 전압은 최대 입력 전압에서 다이오드의 문턱 전압만큼 작다.

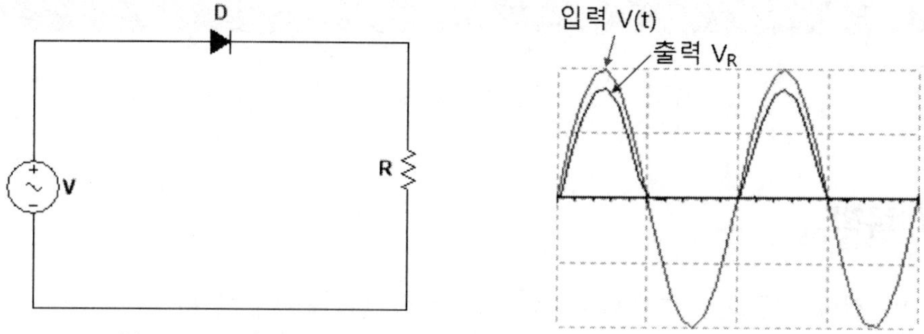

입력: $V(t) = V_{pk}\sin(2\pi ft)$

$V_{pk} = 4\ V, f = 1kHz$

출력: $V_o = V_R$

그림 1 반파정류회로와 입출력

반파정류의 평균직류전압 V_{DC}는 다이오드의 문턱전압(V_T)를 고려하면 다음 식과 같다.

$$V_{DC} = 0.318(V_{pk} - V_T),\ \ V_{pk}\text{: 전원 전압의 최대값(피크)}$$

반파정류의 평균직류전류는 $I_{DC} = \dfrac{V_{DC}}{R}$로 계산된다.

2) 전파정류

전파정류는 정현파 교류의 양(+)과 음(−)의 두 반파를 모두 직류로 변환한다. 전파정류회로에는 브리지 정류회로와 중앙탭 변압기 정류회로가 있다.

(1) 브리지 정류회로

4개의 다이오드 브리지 회로를 사용하여 정현파 입력 신호를 전파 정류한다. 교류전압 $V(t) = V_{pk}\sin(2\pi ft)$가 인가되었을 때 정류회로와 출력 파형은 그림2와 같다. 양인 입력 신호에 대해 다이오드 D1, D2가 온, D3, D4는 오프 된다. 음인 입력 신호에 대해 다이오드 D3, D4가 온, D1, D2는 오프 된다.

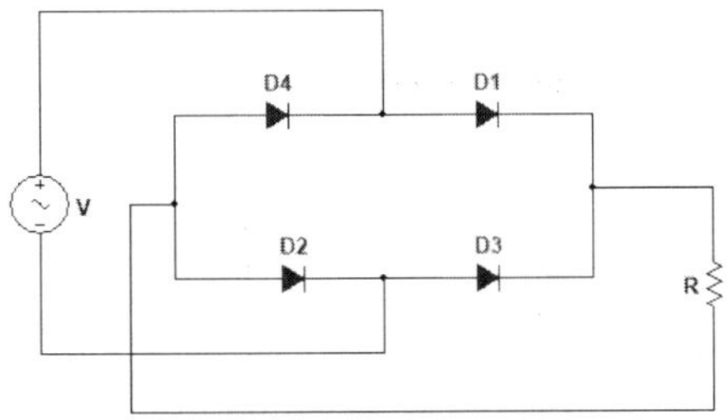

입력: $V(t) = V_{pk}\sin(2\pi ft)$

$V_{pk} = 4\,V, f = 1kHz$

(a) 브리지 정류회로

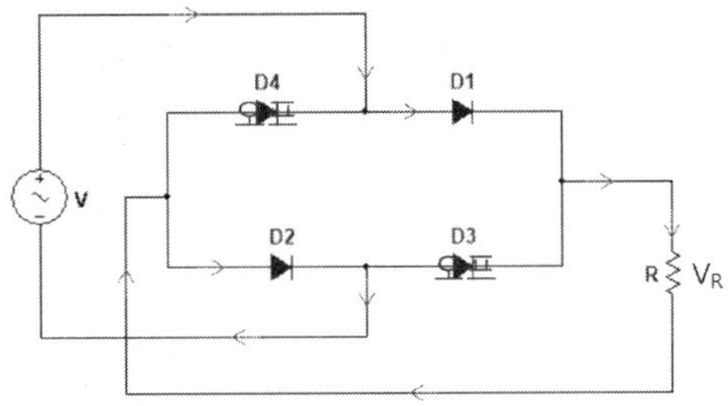

출력: $V_o = V_R$

(b) 양(+)의 반주기

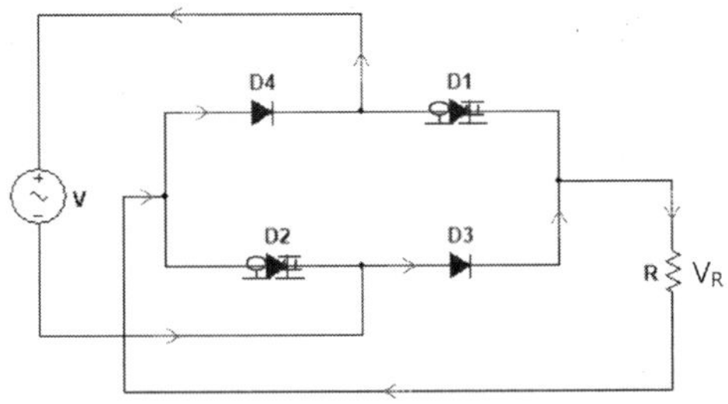

출력: $V_o = V_R$

(c) 음(−)의 반주기

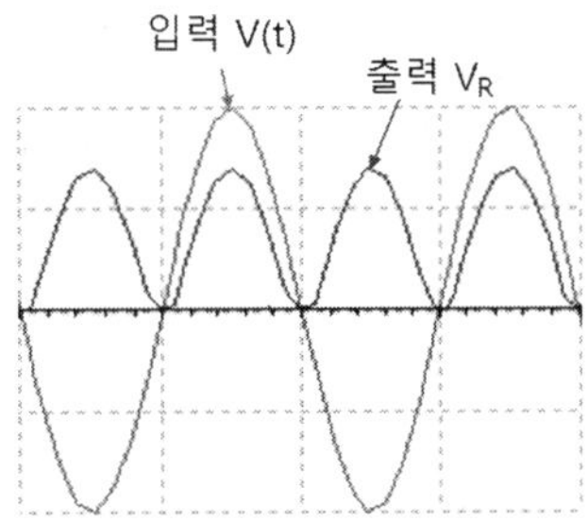

(d) 입 · 출력 파형

그림 2 브리지 정류회로와 입출력

브리지 전파정류의 평균직류전압 V_{DC}는 다이오드의 문턱전압(V_T)를 고려하면 다음 식과 같다.

$$V_{DC} = 0.636(V_{pk} - 2V_T),\ \ V_{pk}: \text{전원 전압의 최대값(피크)}$$

(2) 중압탭 변압기 정류회로

변압기의 2차측에 전압을 양분하는 중압탭을 갖고, 이 탭이 전파정류회로의 공통단자가 된다. 교류 전압 $V(t) = V_{pk}\sin(2\pi ft)$가 인가되었을 때 정류회로와 출력 파형은 그림3과 같다. 양인 입력 신호에 대해 다이오드 D1이 온, D2는 오프 된다. 음인 입력 신호에 대해 다이오드 D2가 온, D1은 오프 된다.

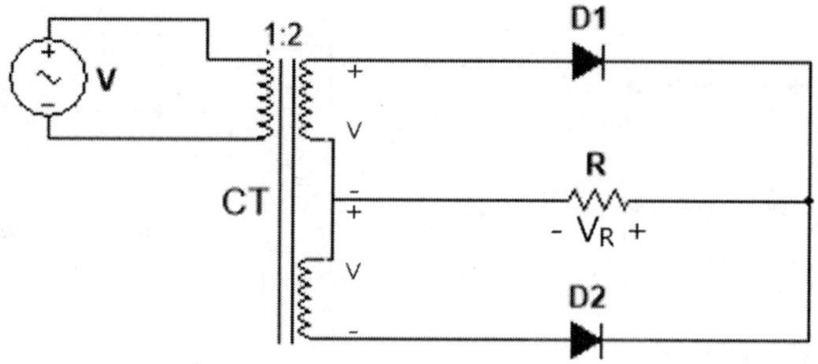

(a) 중앙탭 변압기 전파정류회로

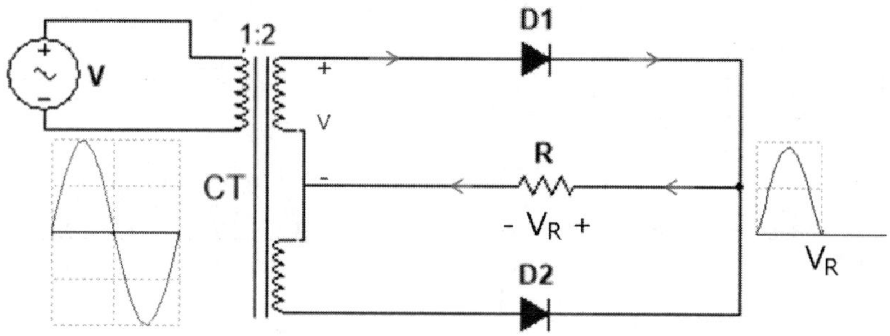

(b) 양의 반주기

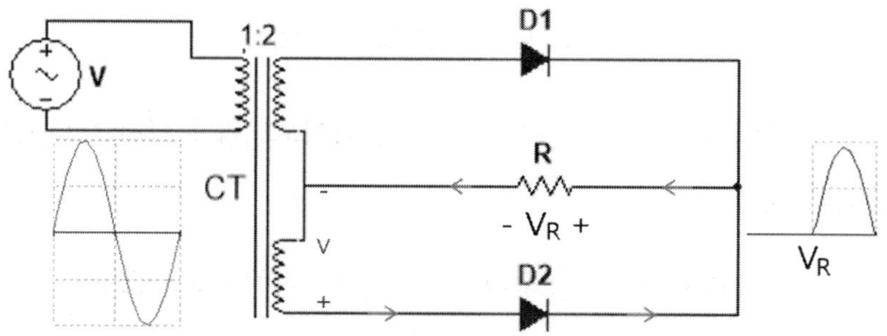

(c) 음의 반주기

그림 3 중압탭 변압기 전파정류회로와 입출력

중앙탭 변압기 전파정류의 평균직류전압 V_{DC}는 다이오드의 문턱전압(V_T)를 고려하면 다음 식과 같다.

$$V_{DC} = 0.636(V_m - V_T),\ \ V_{pk}\text{: 전원 전압의 최대치}$$

실험

1) 부품 및 계측기

- 전원(함수발생기)
- 정류용 다이오드(1N4001 또는 등가)
- 저항 1 KΩ
- 디지털멀티미터(DMM), 오실로스코프

2) 실험 순서

① 그림1의 반파정류회로를 구성한다. 저항 R은 1 KΩ을 사용한다.

② 표1에 다이오드의 문턱 전압을 기록한다.

③ 함수발생기에서 출력 정현파의 주파수가 1 kHz, V_{pk}= 4 V가 되도록 조정한 후 회로의 입력에 연결한다.

④ 저항(R) 양단에 오실로스코프의 채널1을 연결해서 출력 파형($V_o = V_R$)를 관찰한다. 표1에 입·출력 파형을 그린다.

⑤ 저항(R) 양단의 전압($V_o = V_R$)을 DMM으로 측정한다. 반파정류의 평균직류전압 V_{DC}를 계산하고 측정 전압과 오차를 계산해서 표1에 기록한다.

(2) 브리지 전파정류회로

① 그림2.a 회로를 구성한다.

② 표2에 다이오드의 문턱 전압을 기록한다.

③ 함수발생기에서 출력 정현파의 주파수가 1 kHz, V_{pk}= 4 V가 되도록 조정한 후 회로의 입력에 연결한다.

④ 저항(R) 양단에 오실로스코프의 채널1을 연결해서 출력 파형($V_o = V_R$)을 관찰한다. 표2에 입·출력 파형을 그린다. 이 때 오실로스코프의 일반 프로브(신호와 접지 연결)를 사용하면 음의 입력 신호와 오실로스코프의 접지가 연결돼 단락이 발생한다.

두 지점간의 전위차를 측정하는 차동 프로브를 사용해야 전파정류의 출력 파형을 확인할 수 있다.

⑤ 저항(R) 양단의 전압($V_o = V_R$)을 DMM으로 측정한다. 전파정류의 평균직류전압 V_{DC}를 계산하고 측정 전압과 오차를 계산해서 표2에 기록한다.

3) 실험 결과

[표 1]

<table>
<tr><td>다이오드 문턱전압(V_T)</td><td></td></tr>
<tr><td colspan="2">반파정류회로 입 · 출력 파형</td></tr>
<tr><td colspan="2">전압
[V]

시간</td></tr>
</table>

[표 2]

반파평균직류전압	
측정치($V_o = V_R$) [V]	
계산치 $V_{DC} = 0.318(V_{pk} - V_T)$ [V]	
오차 = $\dfrac{V_{DC} - V_o}{V_o} \times 100(\%)$	

[표 3]

다이오드 문턱전압(V_T)	
전파정류회로 입 · 출력 파형	
전압 [V] 시간	

[표 4]

전파평균직류전압	
측정치($V_o = V_R$) [V]	
계산치 $V_{DC} = 0.636(V_{pk} - 2V_T)$ [V]	
오차 = $\dfrac{V_{DC} - V_o}{V_o} \times 100(\%)$	

4) 검토

- 반파 및 전파정류의 출력 파형
- 반파 및 전파 정류기에서 입출력 전압 최대치와 주파수를 비교
- 브리지 정류회로 앞단에 변압기를 추가하면 입력 측과 출력 측을 전기적으로 절연시키는 절연형 전파정류회로가 된다. 절연형 전파정류회로는 입·출력측이 전기적으로 절연되어 있어서 출력 회로의 전위가 낮은 핀이 입력 측 접지와 닿아도 단락되지 않는다.
- Multisim 활용

[반파정류 시뮬레이션 회로]

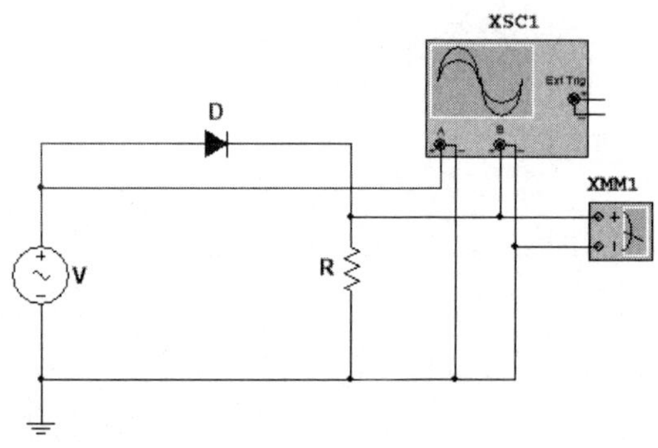

[반파정류 입출력 파형]

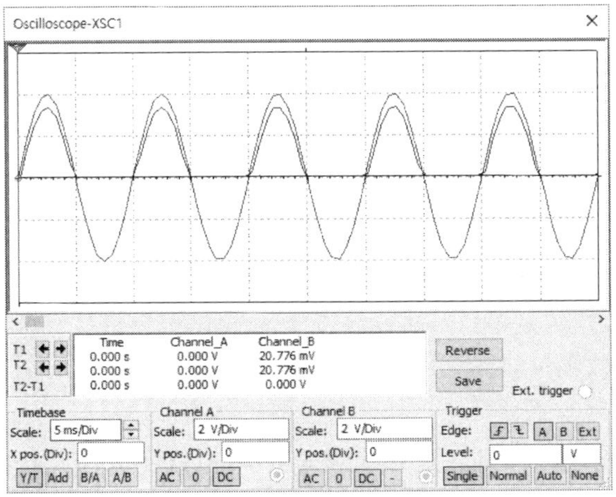

[출력 전압(V_R)]

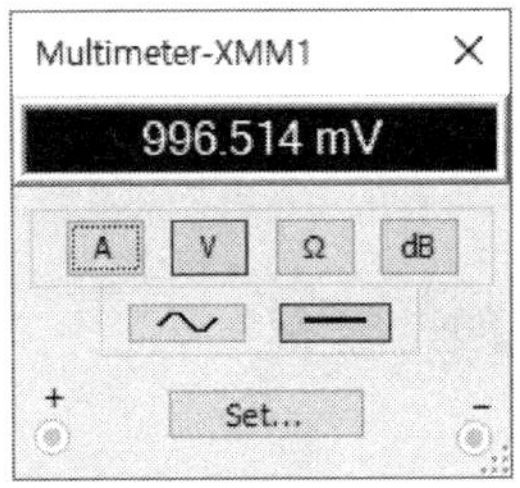

[브리지 전파정류 시뮬레이션 회로]

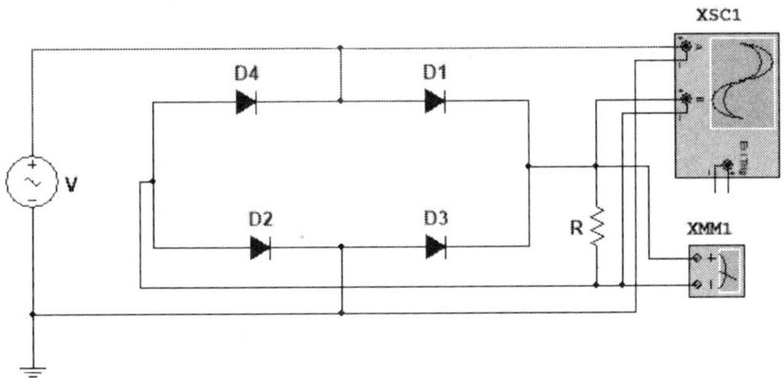

[전파정류 입출력 파형]

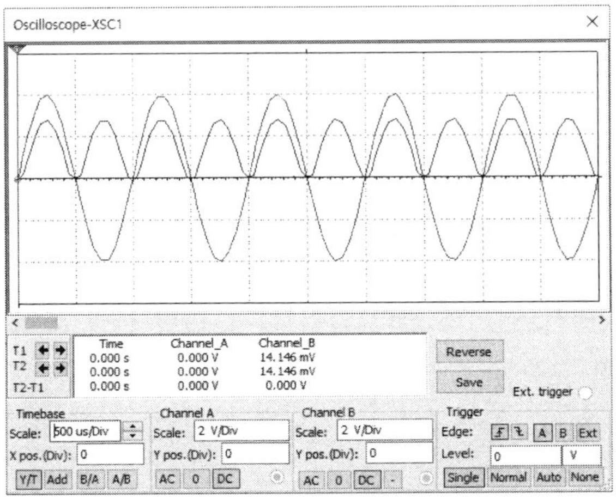

[출력 전압(V_R)]

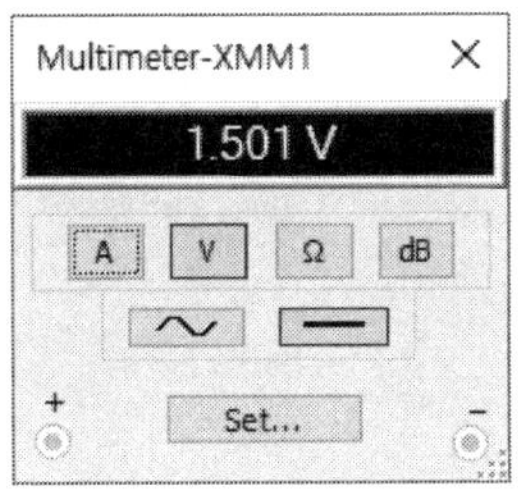

CHAPTER

06 필터

실험 목적

• 필터 회로의 출력을 측정하고 그 동작 원리를 배운다.

이론

반파 또는 전파 정류회로의 출력에는 그림1과 같이 맥류를 포함하고 있기 때문에 맥류를 제거해서 평활화해야 DC 전원으로 사용할 수 있다. 축전기와 초크코일 또는 축전기와 저항으로 구성된 회로를 사용해 맥류를 제거하는데 이를 평활회로 또는 필터라 한다. 맥류에는 DC 성분, 기본파 및 고조파 성분을 포함하고 있는데 평활회로는 이 중에서 AC 성분을 제거해 DC 성분만 남기는 것이 목적이다.

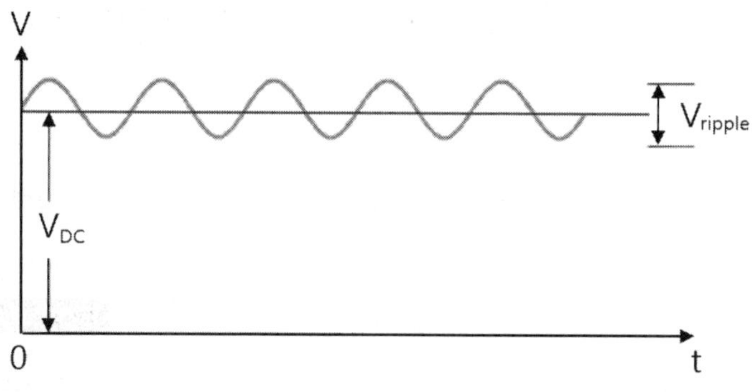

V_{dc}: 직류 성분, V_{ripple}: 교류 성분

그림 1 맥류

평활회로에는 축전기 필터, RC 필터, 파이형 필터 등이 있다. 필터 출력에는 DC 성분과 약간의 AC 성분 또는 맥동(리플)을 포함한다. 필터 회로에서 출력 전압의 맥동률은 다음과 같이 정의되며 그 값이 작을수록 좋다.

$$\gamma = \frac{V_r}{V_{DC}} \times 100(\%)$$

V_r: 교류맥동전압(리플 전압), V_{DC}: 직류전압

전원에 대한 성능평가 지표로 부하 유무에 따라 출력전압의 변화를 나타내는 전압조정률이 있다. 일반적으로 부하가 없는 경우의 출력전압이 부하가 있는 경우에 비해 높게 나타난다.

$$VR = \frac{V_{NL} - V_{FL}}{V_{FL}} \times 100(\%)$$

V_{NL}: 무부하 전압, V_{FL}: 전부하 전압

일반적인 필터회로는 그림2와 같다. 교류전원이 정류회로와 필터회로를 거쳐 직류전원으로 변경되고 여기에 직류부하가 연결된다.

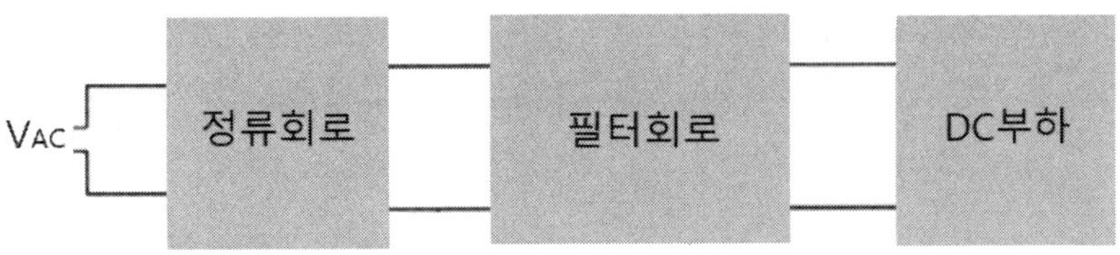

그림 2 필터 회로

그림3은 전파 정류회로에 연결된 축전기 필터와 그 출력전압 파형을 보인다. 필터 출력전압에 작은 리플 전압이 있음을 알 수 있다. 그림에서 T는 입력신호의 주기, T_1 다이오드가 도통(온)되어 축전기(C)에 정류회로 최대출력전압(V_{pk})까지 충전되는 시간, T_2는 정류회로 출력전압이 축전기 양단 전압보다 작아져 다이오드가 오프되고 충전전압이 부하를 통해 방전되는 시간이다. 축전기의 방전이 조금만 이뤄지면 평균전압은 V_{pk}에 근접하고 맥동률(리플 전압)은 작아진다. 부하(R)가 작으면 큰 DC 전압과 맥동률(리플 전압)은 작아지고 부하가 커지면 DC 전압은 작아지고 맥동률(리플 전압)은 커진다. 축전기 용량이 클수록 평균 전압

은 높아지고 리플 전압은 작아진다. 축전기는 정류 다이오드를 통해 흐르는 전류 최대치에 영향을 미치는데 축전기 용량이 클수록 정류 다이오드를 통해 흐르는 전류 최대치가 커진다.

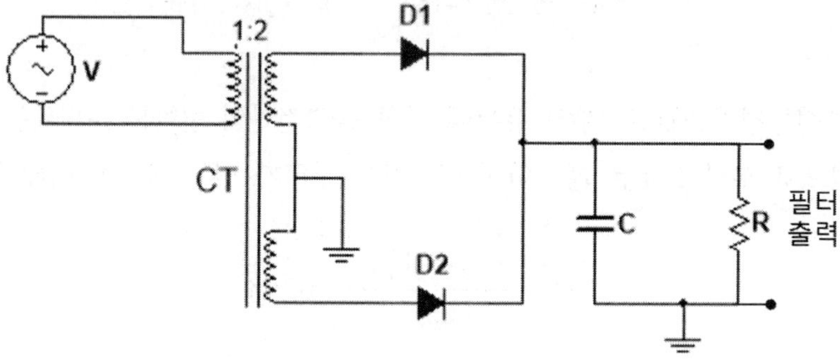

(a) 축전기 필터회로

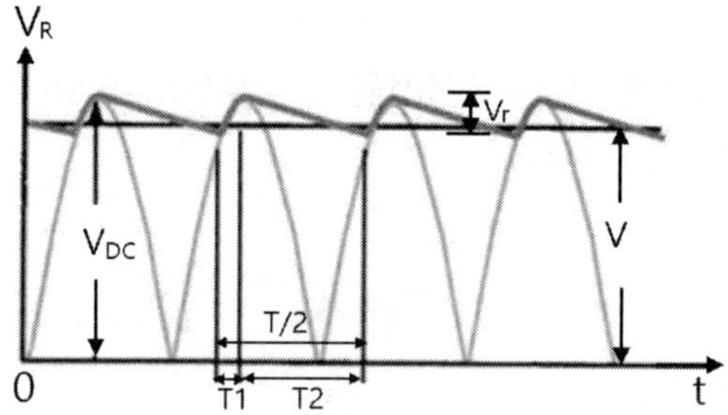

(b) 필터회로 출력

그림 3 축전기 필터회로와 출력

그림3의 축전기 필터에 RC 필터를 추가한 것이 그림4.a이다. 추가된 RC 필터는 축전기 필터의 출력 가운데 DC 성분은 통과시키고 AC 성분(리플)은 감쇄시킨다. RC 필터의 출력은 그림4.b와 같이 리플 전압을 줄여주는데 이 때 DC 전압도 작아진다. DC 전압의 감소 양보다 리플 전압이 더 감소해서 출력 전압의 맥동률은 개선된다.

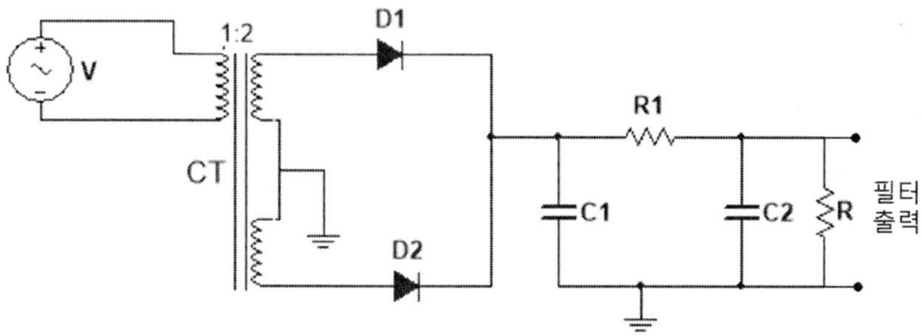

(a) RC 필터회로

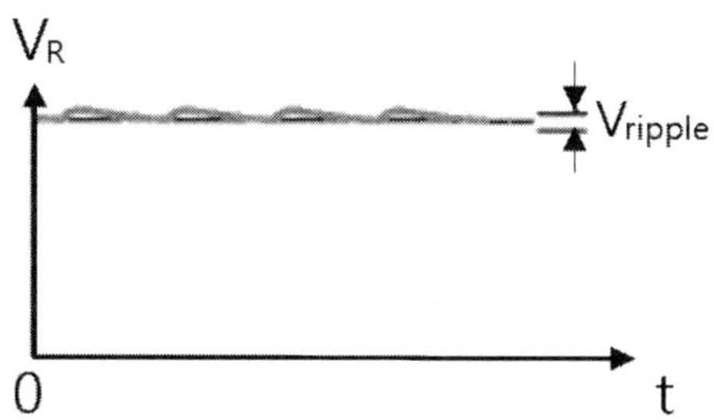

(b) 필터회로 출력

그림 4 RC 필터회로와 출력

실험

1) 부품 및 계측기

- 함수발생기(전원)
- 정류용 다이오드 4개(Si: 1N4145, 1N4148 또는 등가)
- 저항 R_1: 100 $\Omega(\frac{1}{2}$ W), R: 1 K$\Omega(\frac{1}{2}$ W)
- 캐패시터 1 μF 2개, 10 μF 2개
- 디지털멀티미터(DMM)

2) 실험 순서

(1) 축전지 필터

① 그림5의 회로를 구성한다(C: 1 μF, R: 1 $\mathrm{K\Omega}$).

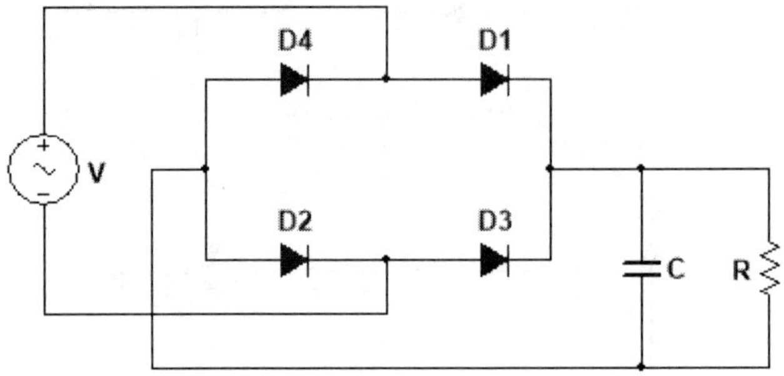

그림 5 실험회로

② 함수발생기의 출력을 정현파(1 kHz, V_{pk} = 4 V)로 설정해서 그림5의 입력전원에 공급한다.

③ 그림5의 출력단 전압을 V_R을 측정해서 표2에 기록한다.

④ 그림5의 출력단에 오실로스코프를 연결해서 출력 파형을 표1에 그린다.

⑤ 출력 파형에서 리플전압의 V_{pk}를 표2에 기록한다.

⑥ 출력 전압에 대한 맥동률을 계산해서 표2에 기록한다.

⑦ 축전지를 $C = 10\,\mu F$으로 변경해서 위 실험을 반복하고 변경전과 결과를 비교한다.

(2) RC 필터

① 그림6의 회로를 구성한다(C_1, C_2: 1 μF, R_1: 100 Ω, R: 1 $K\Omega$).

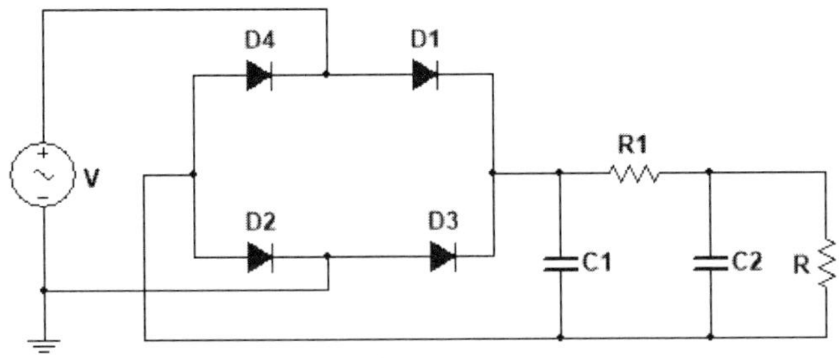

그림 6 실험회로

② 함수발생기의 출력을 정현파(1 kHz, V_{pk} = 4 V)로 설정해서 그림6의 입력전원에 공급한다.

③ 그림6의 출력단 전압을 V_R을 측정해서 표4에 기록한다.

④ 그림6의 출력단에 오실로스코프를 연결해서 출력 파형을 표3에 그린다.

⑤ 출력 파형에서 리플 전압의 V_{pk}를 표4에 기록한다.

⑥ 출력 전압에 대한 맥동률을 계산해서 표4에 기록한다.

⑦ 축전지를 $C_1 = C_2 = 10\mu F$으로 변경해서 위 실험을 반복하고 변경전과 결과를 비교한다.

3) 실험 결과

[표 1]

축전지 필터회로 입 · 출력 파형
전압 [V]
시간

[표 2]

	$C=1\,\mu F$	$C=10\,\mu F$
V_R [V]		
V_{pk} [V]		
$\gamma=\dfrac{V_{pk}}{V_{DC}}\times 100\,(\%)$		

[표 3]

RC 필터회로 입 · 출력 파형

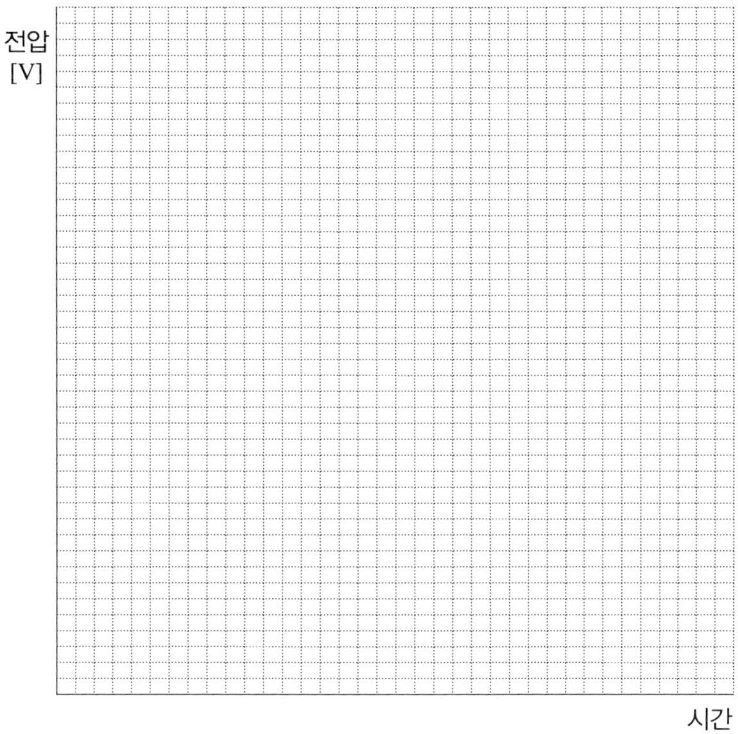

[표 4]

	$C_1 = 1\,\mu F,\ C_2 = 1\,\mu F$	$C_1 = 10\,\mu F,\ C_2 = 10\,\mu F$
V_R [V]		
V_{pk} [V]		
$\gamma = \frac{V_{pk}}{V_{DC}} \times 100(\%)$		

4) 검토

- 축전기 필터를 추가한 경우의 출력 전압 특성(DC 성분 전압, 맥동률, 리플전압)을 알아본다.
- 브리지 정류회로는 입력파형을 정류해서 출력하는데, 출력되는 파형의 전압은 다이오드의 순방향 전압강하의 두 배만큼 낮아진다.
- 브리지 정류회로에서 출력 파형의 리플은 축전기의 용량이 클수록, 부하 저항이 작을수록, 입력파형의 주파수가 높을수록 작아진다.
- 입력 측과 출력 측이 단락되지 않도록(음의 입력 신호와 오실로스코프의 접지와 접촉) 오실로스코프는 차동 프로브를 사용한다.
- Multisim 활용

[축전지 필터 시뮬레이션 회로]

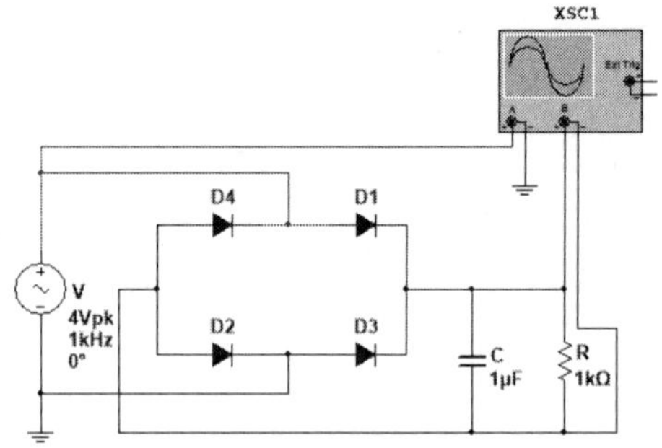

[축전지 필터 출력 전압($V_o = V_R$)]

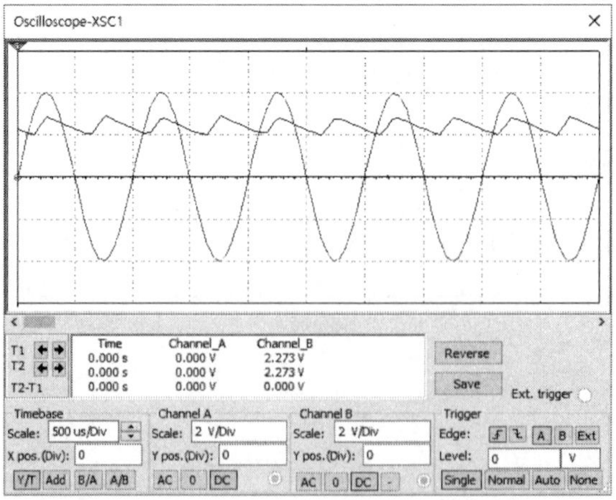

[RC 필터 시뮬레이션 회로]

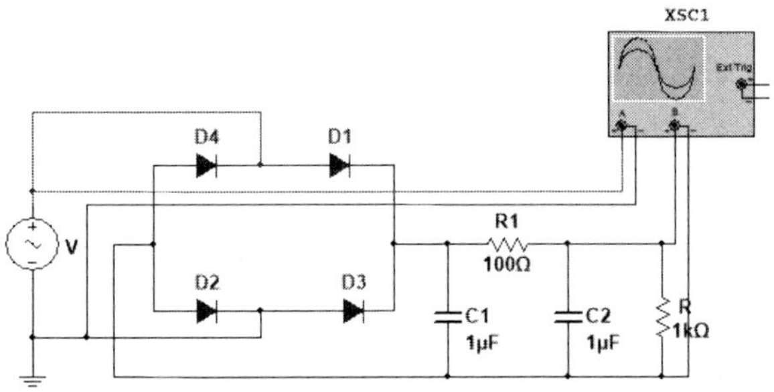

[RC 필터 출력 전압($V_o = V_R$)]

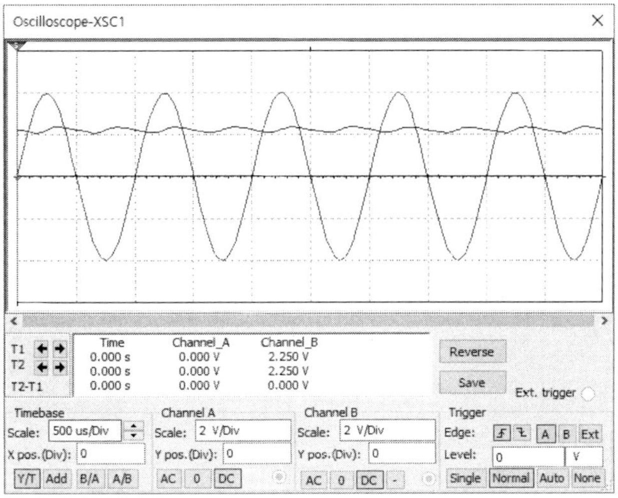

[변압기 정류필터 시뮬레이션 회로]

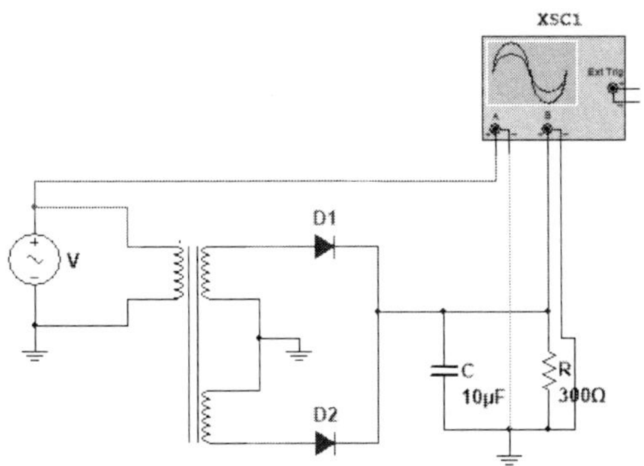

[변압기 정류필터의 출력 전압($V_o = V_R$)]

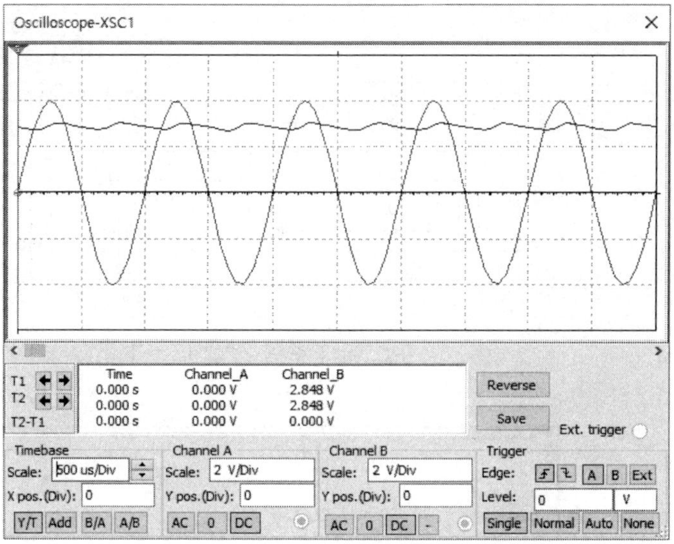

CHAPTER

07 클리퍼

실험 목적

• 클리퍼 회로를 구성해 출력 파형을 측정하고 그 동작원리를 이해한다.

이론

클리퍼(cliper) 회로는 다이오드를 활용해 입력신호의 일부분을 잘라낸다. 이 회로는 저항, 다이오드와(또는) 전지로 구성되며 신호에서 기준 값 보다 크거나 작은 부분을 잘라낼 때 사용된다. DC 전압과 다이오드의 방향에 의해 다양한 클리퍼 회로가 만들어진다. 그림1.a와 그림1.c는 입력 정현파 신호에 다이오드가 직렬로 연결된 가장 단순한 클리퍼 회로이고 그림 1.c와 그림1.d는 그 회로의 입출력 파형을 비교한 것이다. 다이오드의 문턱 전압만큼 출력 전압이 작아진다.

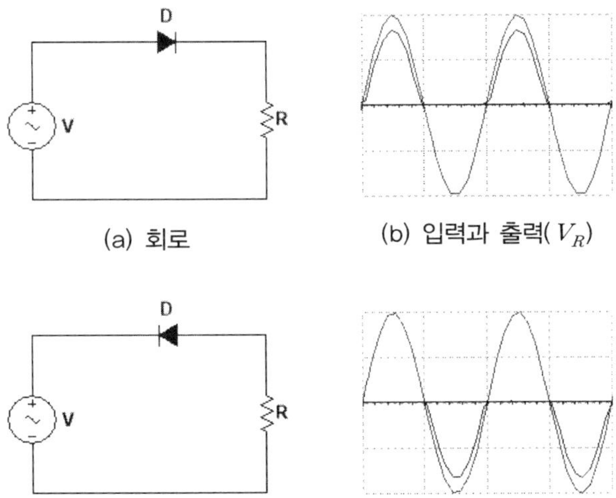

(a) 회로 (b) 입력과 출력(V_R)

(c) 회로 (d) 입력과 출력(V_R)

그림 1 직렬 클리퍼

그림2는 DC 전원(V_r)이 추가된 직렬 클리퍼 회로와 그 입출력 파형을 보인 것이다. 연결한 전원의 방향에 따라 출력이 V_r 만큼 작아지거나 커진다.

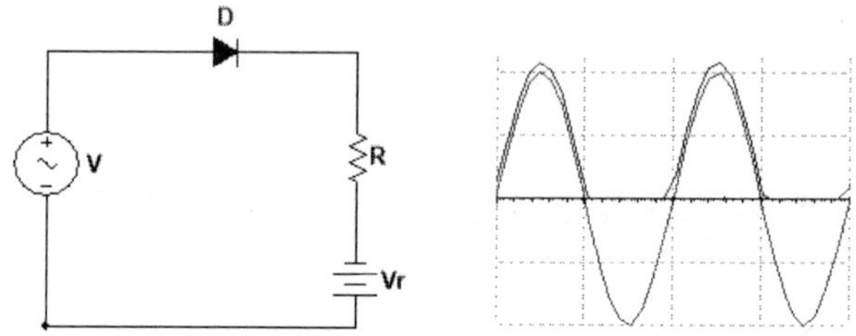

(a) 회로 (b) 입력과 출력(V_R)

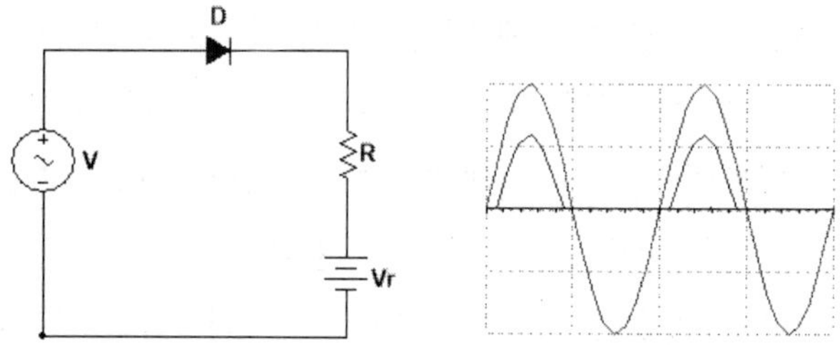

(c) 회로 (d) 입력과 출력(V_R)

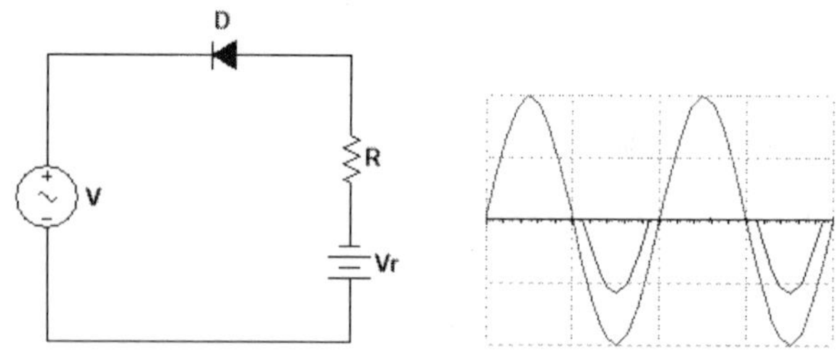

(e) 회로 (f) 입력과 출력(V_R)

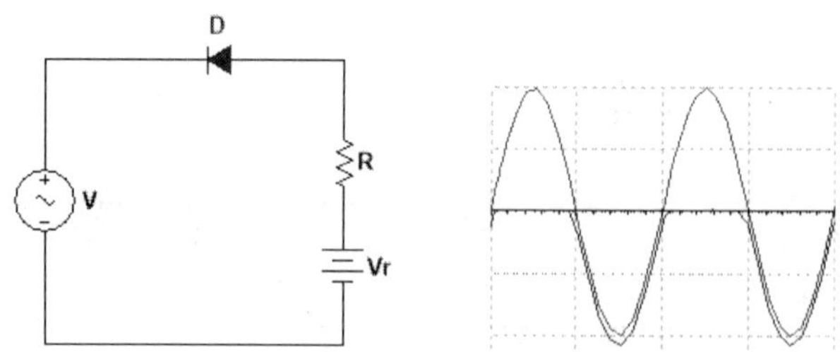

(g) 회로 (h) 입력과 출력(V_R)

그림 2 DC 전원 포함 직렬 클리퍼

그림3.a와 그림3.c는 입력 정현파 신호에 다이오드가 병렬로 연결된 가장 단순한 클리퍼 회로이며 그림3.c와 그림3.d는 회로의 입출력 파형을 비교한 것이다. 다이오드를 병렬로 연결하면 문턱 전압이 출력에 미치는 영향이 달라진다.

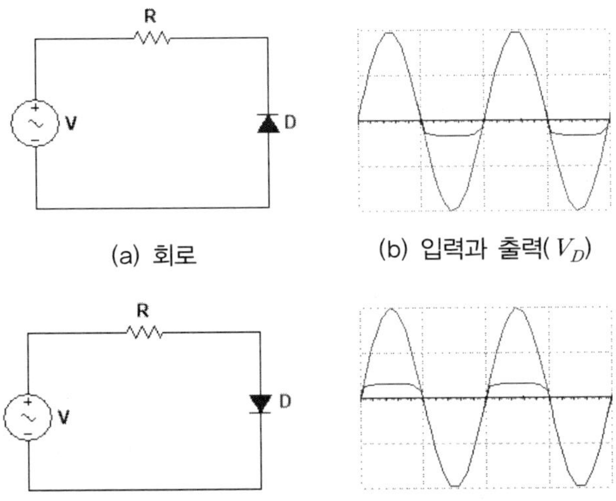

(a) 회로　　(b) 입력과 출력(V_D)

(c) 회로　　(d) 입력과 출력(V_D)

그림 3 병렬 클리퍼

그림4는 DC 전원이 추가된 병렬 클리퍼 회로와 입출력 파형을 보인다. 연결한 전원의 방향에 따라 출력이 V_r만큼 작아지거나 커진다.

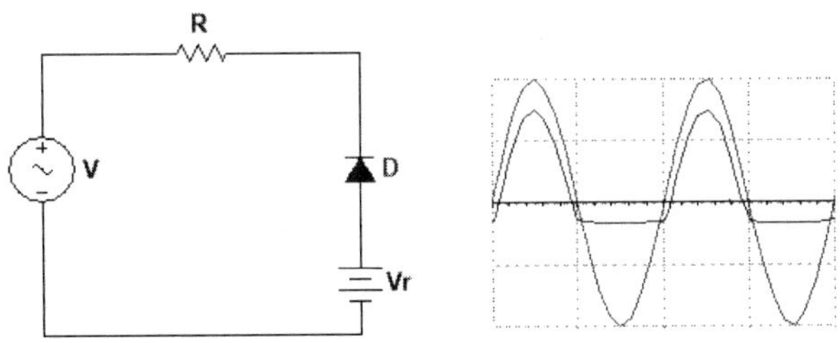

(a) 회로　　(b) 입력과 출력(V_R)

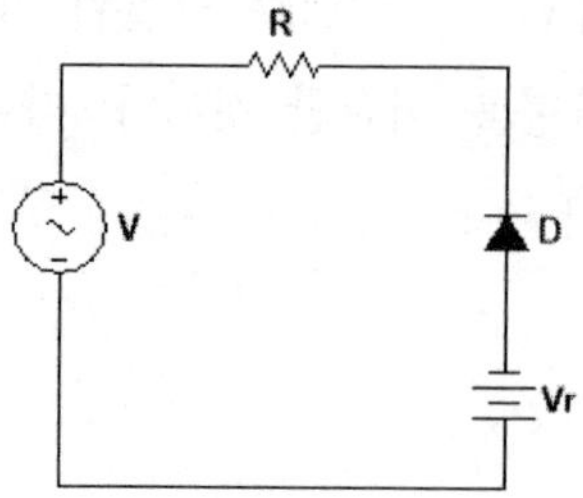

(c) 회로

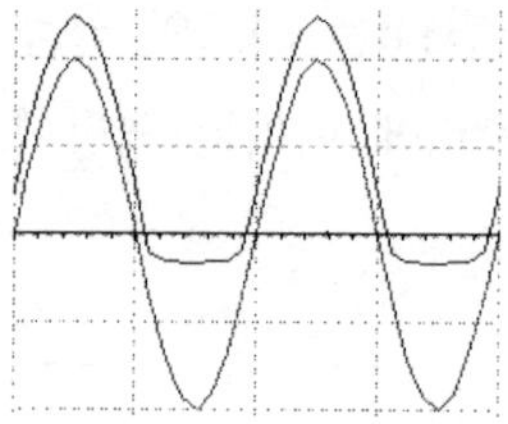

(d) 입력과 출력(V_R)

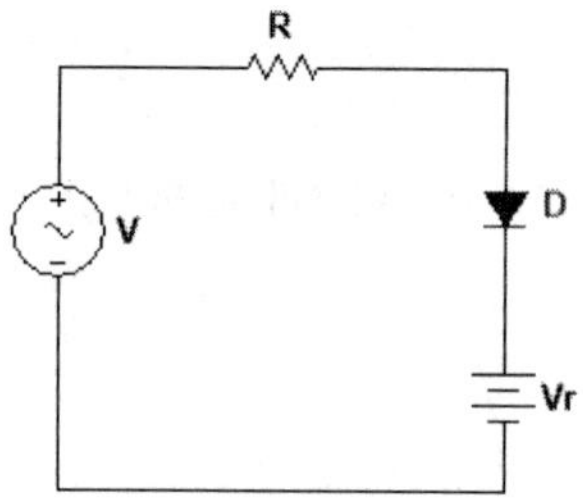

(e) 회로

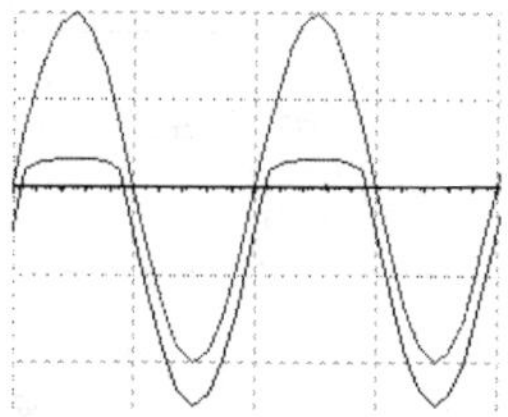

(f) 입력과 출력(V_R)

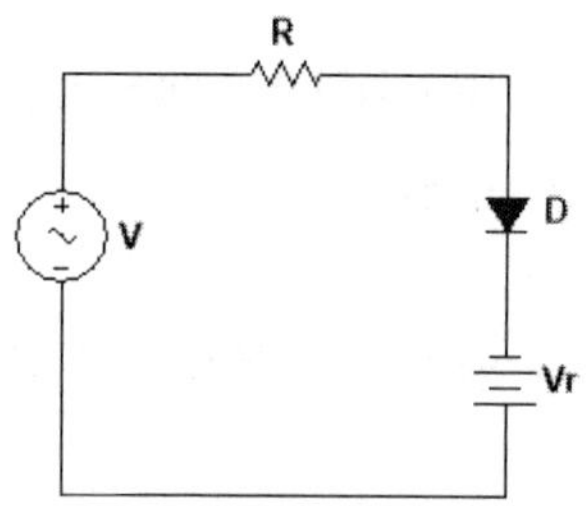

(g) 회로

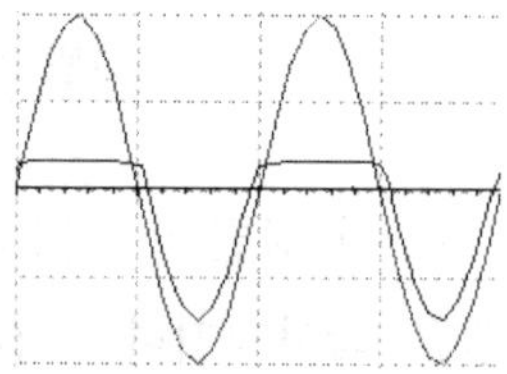

(h) 입력과 출력(V_R)

그림 4 DC전원 포함 병렬 클리퍼

실험

1) 부품 및 계측기

- 직류 전원공급기, 함수발생기
- 다이오드(Si: 1N4148, 1N4154 또는 등가)
- 저항 1 KΩ
- 디지털멀티미터(DMM), 오실로스코프

2) 실험 순서

① 그림1의 회로를 구성한다($R = 1\,k\Omega$). 함수 발생기의 출력($V_{pk} = 4\ V,\ f = 1\,kHz$)을 입력 전원에 연결한다.

② 출력 파형을 오실로스코프로 관측하고, 입출력 파형을 표1에 그린다.

③ 그림2의 회로를 구성한다($R = 1\,k\Omega$). 함수 발생기의 출력($V_{pk} = 4\ V,\ f = 1\,kHz$)을 입력 전원에 연결한다. 직류전원공급기를 사용해 $V_r = 2\ V$를 연결한다.

④ 출력 파형을 오실로스코프로 관측하고, 입출력 파형을 표2에 그린다.

⑤ 그림3의 회로를 구성한다($R = 1\,k\Omega$). 함수 발생기의 출력($V_{pk} = 4\ V,\ f = 1\,kHz$)을 입력 전원에 연결한다.

⑥ 출력 파형을 오실로스코프로 관측하고, 입출력 파형을 표3에 그린다.

⑦ 그림4의 회로를 구성한다($R = 1\,k\Omega$). 함수 발생기의 출력($V_{pk} = 4\ V,\ f = 1\,kHz$)을 입력 전원에 연결한다. 직류전원공급기를 사용해 $V_r = 2\ V$를 연결한다.

⑧ 출력 파형을 오실로스코프로 관측하고, 입출력 파형을 표4에 그린다.

3) 실험 결과

[표 1]

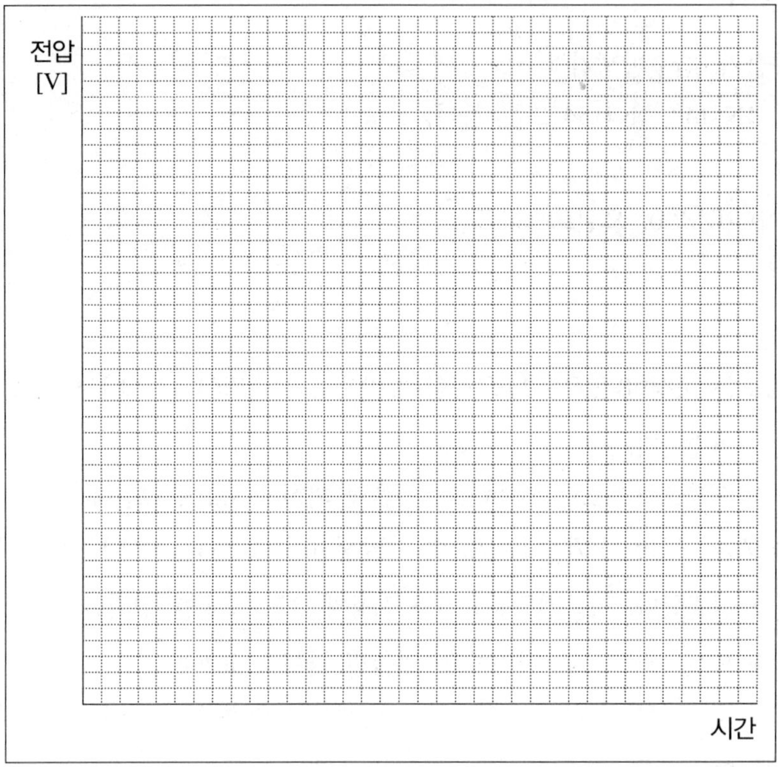

[표 2]

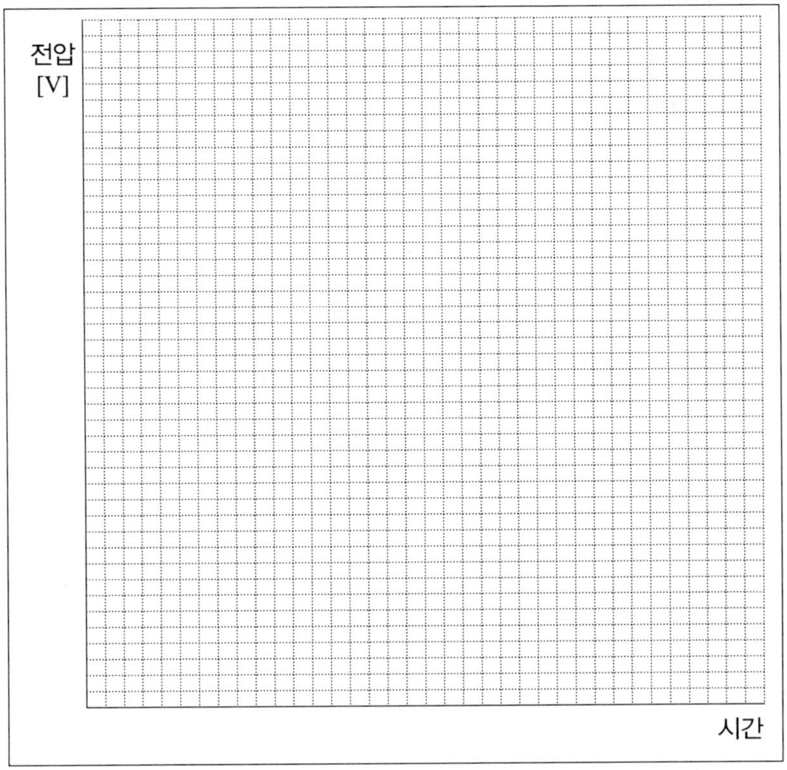

[표 3]

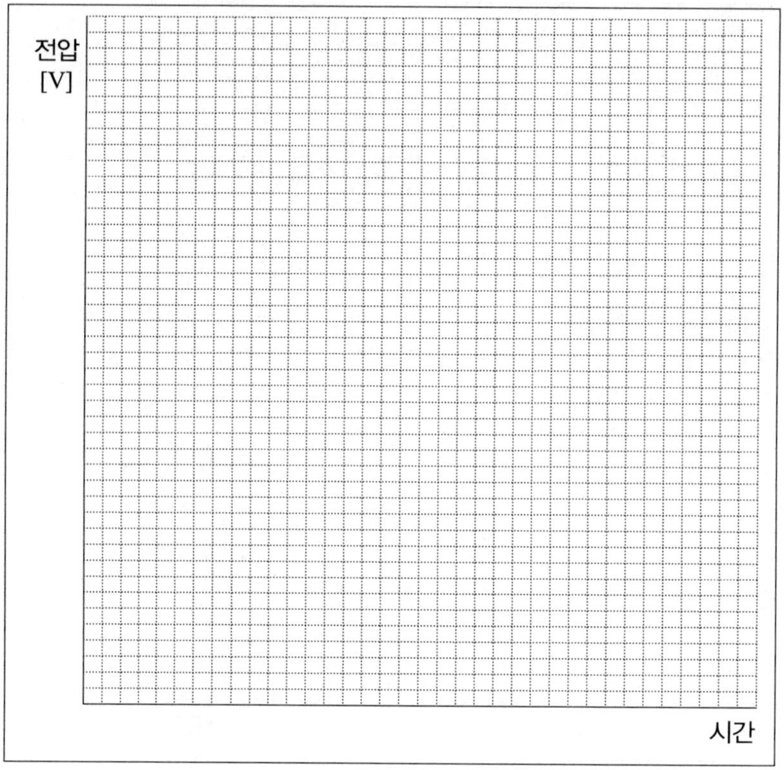

[표 4]

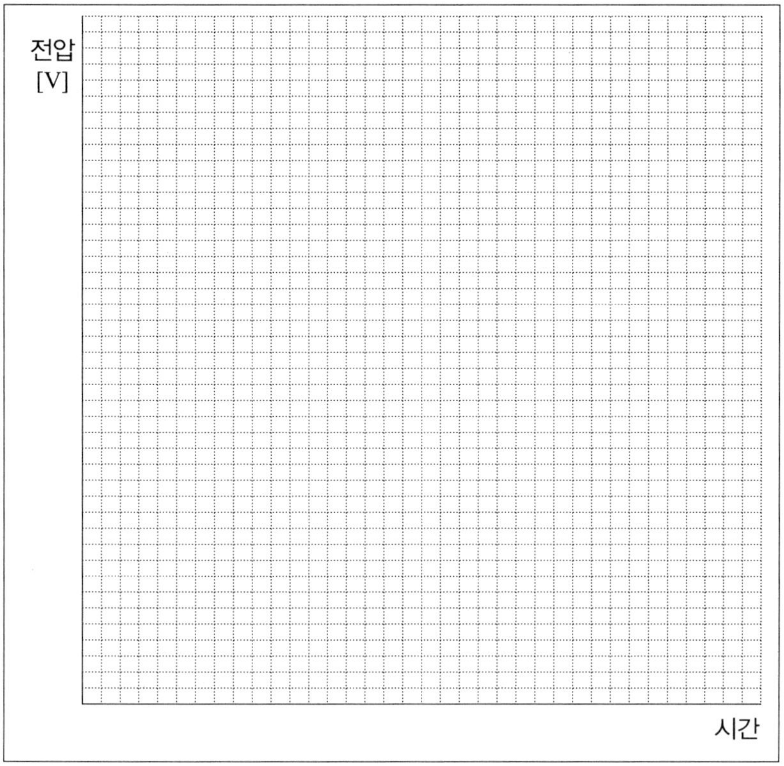

4) 검토

- 직 · 병렬 클리퍼 회로의 구성요소와 역할을 파악한다.
- Multisim 활용

[직렬 클리퍼 시뮬레이션 회로]

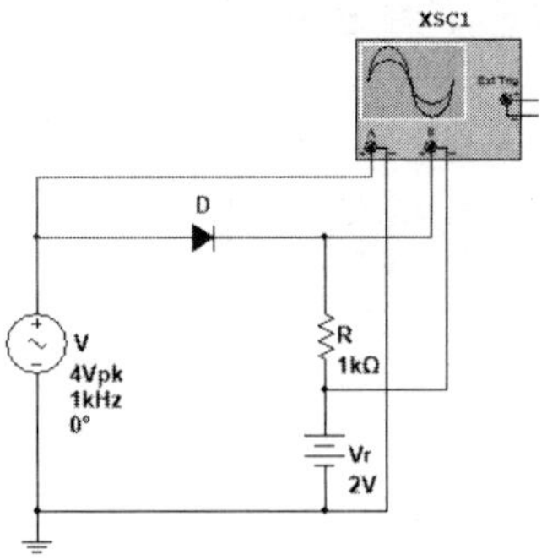

[직렬 클리퍼 회로 입력과 출력 전압($V_o = V_R$)]

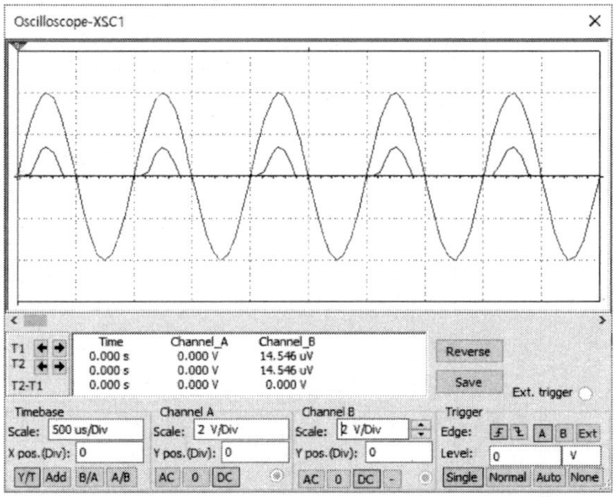

[직렬 클리퍼 시뮬레이션 회로]

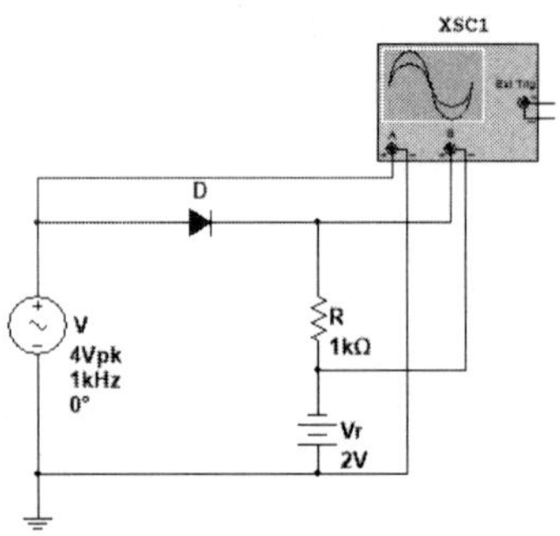

[직렬 클리퍼 회로 입력과 출력 전압($V_o = V_R$)]

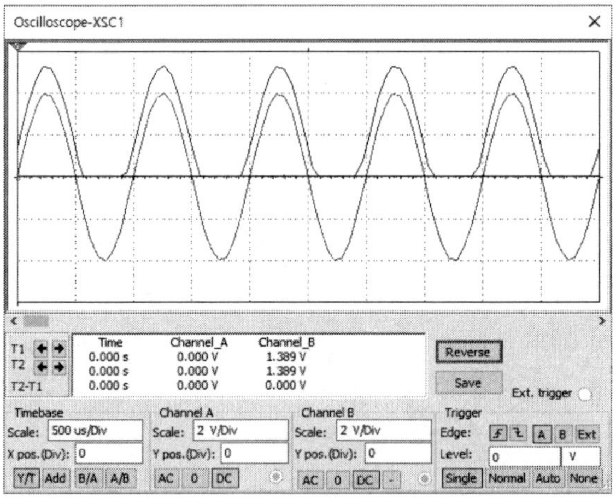

[직렬 클리퍼 시뮬레이션 회로]

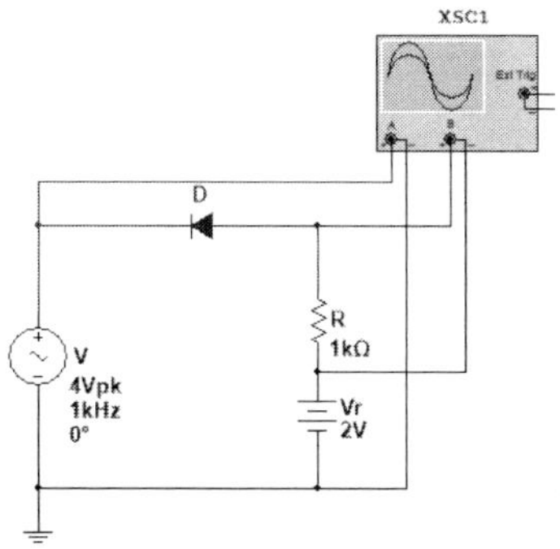

[직렬 클리퍼 회로 입력과 출력 전압($V_o = V_R$)]

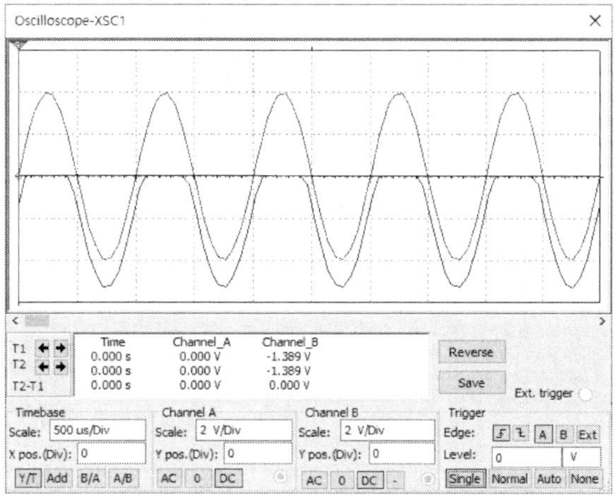

[직렬 클리퍼 시뮬레이션 회로]

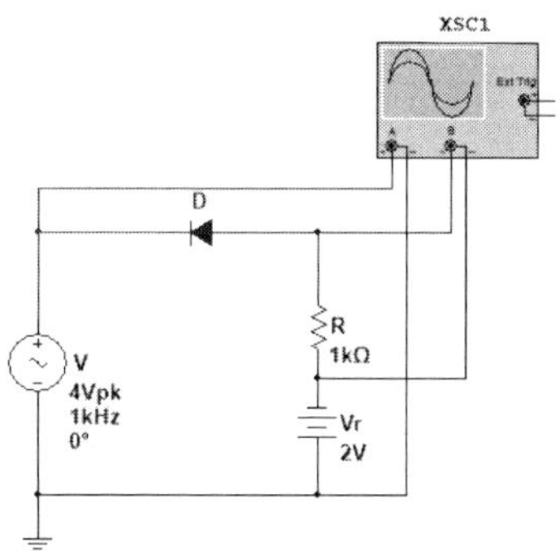

[직렬 클리퍼 회로 입력과 출력 전압($V_o = V_R$)]

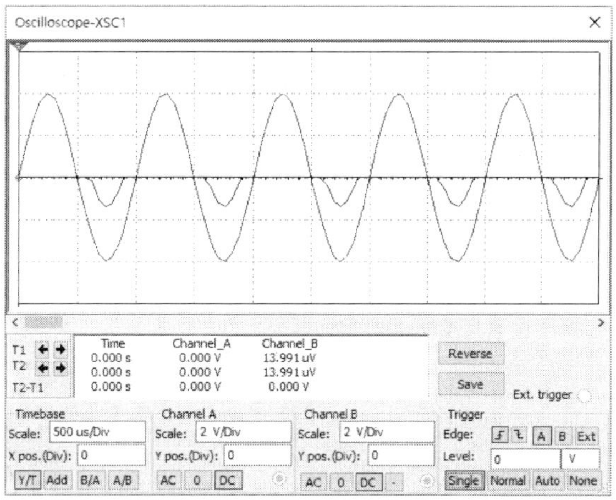

[병렬 클리퍼 시뮬레이션 회로]

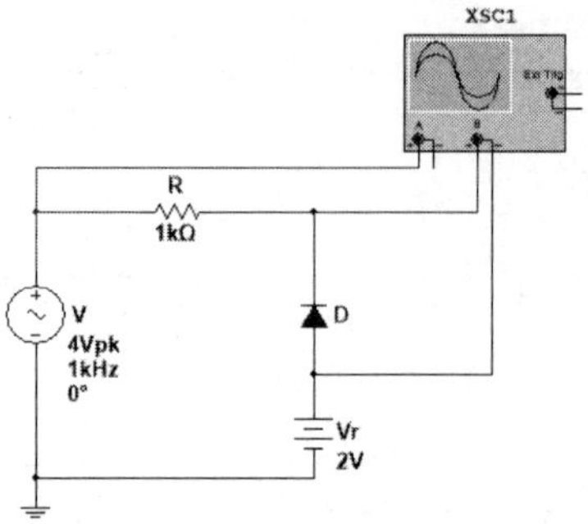

[병렬 클리퍼 회로 입력과 출력 전압($V_o = V_R$)]

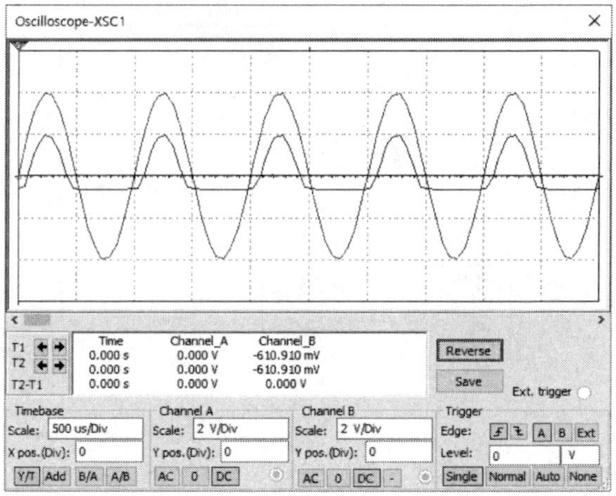

[병렬 클리퍼 시뮬레이션 회로]

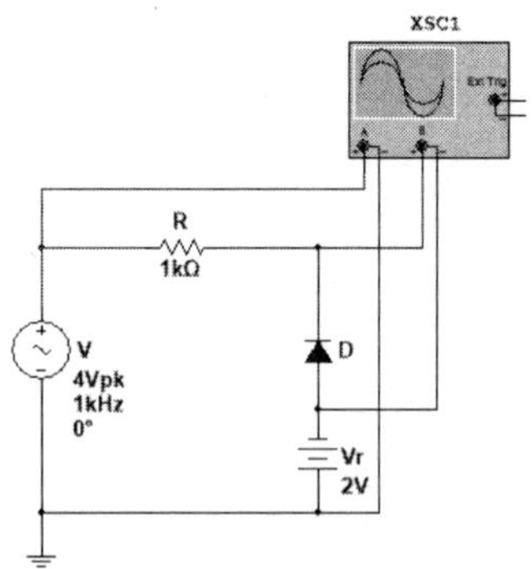

[병렬 클리퍼 회로 입력과 출력 전압($V_o = V_R$)]

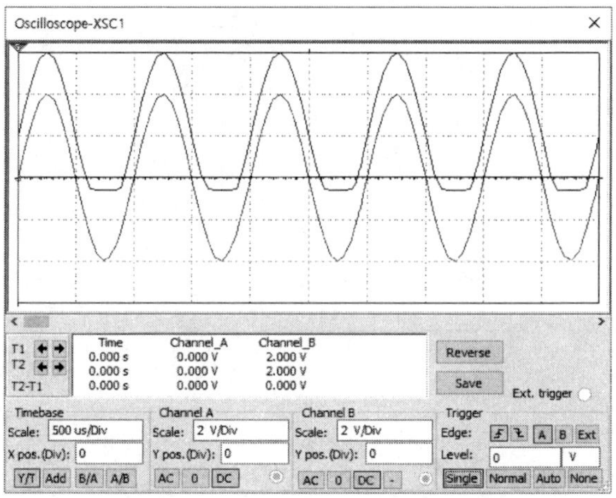

[병렬 클리퍼 시뮬레이션 회로]

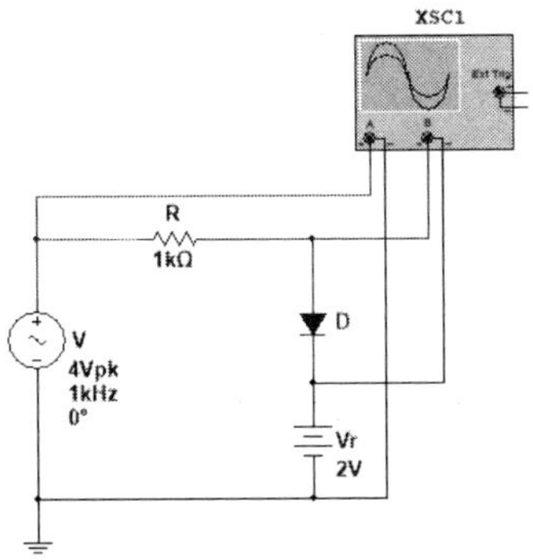

[병렬 클리퍼 회로 입력과 출력 전압($V_o = V_R$)]

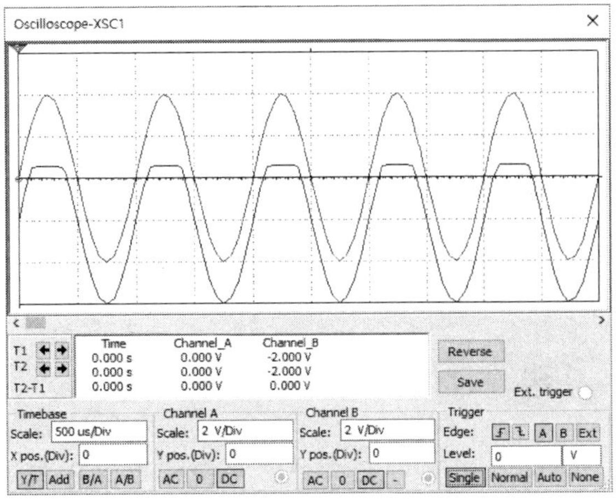

[병렬 클리퍼 시뮬레이션 회로]

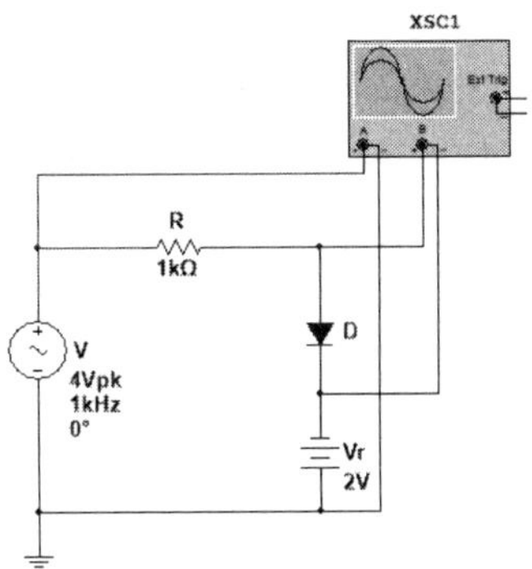

[병렬 클리퍼 회로 입력과 출력 전압($V_o = V_R$)]

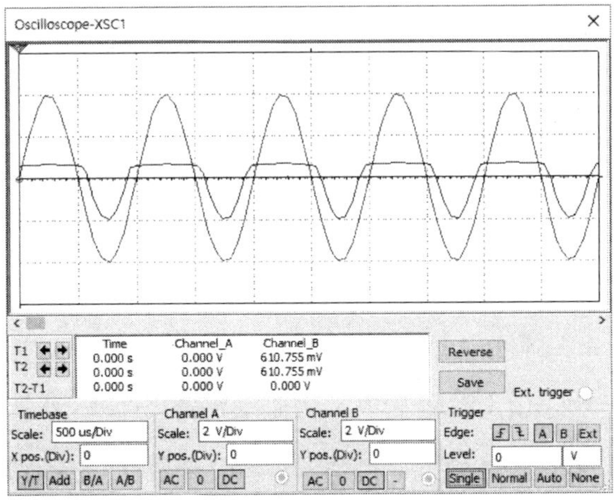

CHAPTER

08 클램퍼

실험 목적

• 클램퍼 회로를 구성해 출력파형을 측정하고 그 동작원리를 이해한다.

이론

클램퍼는 입력 신호 파형을 변경하지 않고 특정한 직류 레벨로 고정하는 회로로 다이오드, 축전기(콘덴서), 저항 및 DC 전원 등으로 구성된다. 입력신호의 한 주기 동안 축전기 양단의 전압이 최대인 상태로 일정하게 유지될 수 있도록 시정수($\tau = RC$)가 충분히 커야 한다. 시정수가 입력 신호의 주기보다 크게 되도록 저항과 축전기를 사용한다.

그림1.a에서 입력신호(V)는 $V_{pk} = 2\ V$, $f = 1\,kHz$의 구형파(펄스파)이다. 이 회로에서 다이오드에 걸리는 전압(V_D)은 입력 신호(V)에서 축전기 전압(V_C)을 차감한 전압이 걸린다. 즉, $V_D = V - V_C$이다. 그림1.b와 그림1.c를 보자. 입력 신호의 주기는 $1\,ms$이므로 2 V를 유지하는 반주기 $0.5\,ms$ 동안 다이오드에는 순방향 전압이 걸려 다이오드는 도통된다. 다이오드에는 입력 신호에서 축전기 전압을 뺀 전압이 걸린다. 축전지가 완전 충전되면 $V_C = 2\ V$이고 다이오드에 걸리는 전압은 $0\ V$가 된다. 입력이 -2 V로 바뀌면 다이오드에는 역방향 전압이 걸려 오프 되고 축전기는 방전한다. 다이오드에는 입력신호 전압 –2 V에 축전지 전압을 뺀 전압이 걸린다. 이 때 시정수는 $\tau = 1 \times 10^3 \cdot 1 \times 10^{-6} = 1\,ms$가 되고 축전기가 완전 방전되는데 $5\tau = 5\,ms$가 걸린다. 입력신호의 반주기 $0.5\,ms$보다 긴 시간으로 V_C가 0으로 감소하지 않는다(완전 방전되지 않는다).

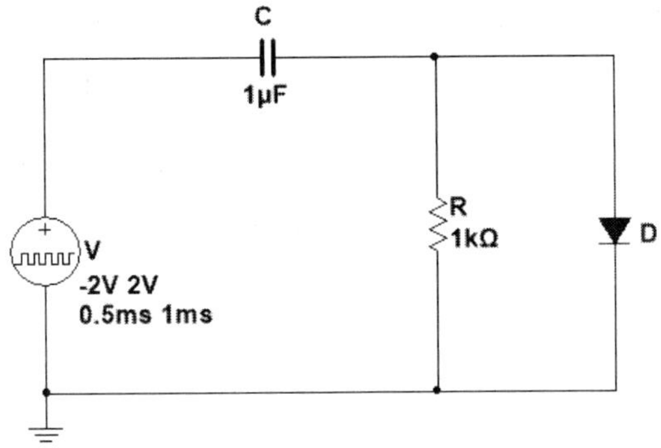

(a) 회로

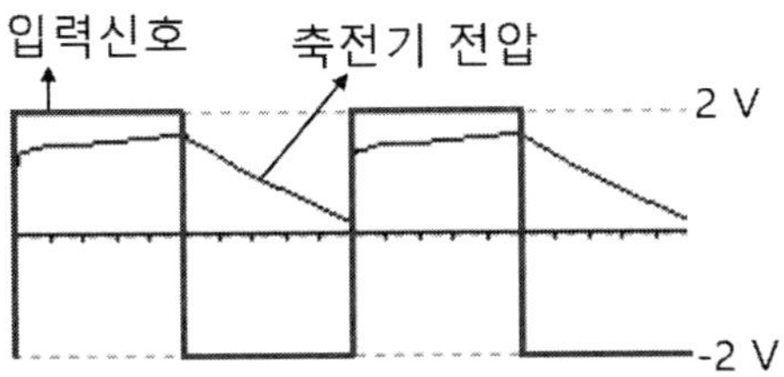

(b) 입력신호와 축전기 전압

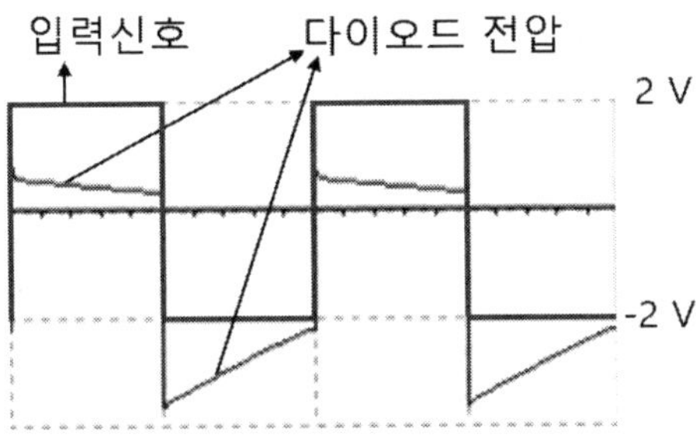

(c) 입력신호와 다이오드 전압

그림 1 클램프 회로

그림2.a는 그림1.a에서 다이오드의 방향을 바꾼 회로이다. 이 회로에서 다이오드에 걸리는 전압(V_D)은 그림1의 경우와 같이 입력 신호(V)에서 축전기 전압(V_C)을 차감한 전압과 같지만, 축전지가 입력 신호가 음일 때 충전되어(충전 방향이 그림1의 경우와 반대) $V_C < 0$ 이므로 $V_D = V-(-V_C)$와 같게 된다. 즉, 다이오드에 걸리는 전압은 입력 신호 보다 커진

다. 그림2.b와 그림2.c를 보자. 입력 신호가 양이면 다이오드에는 역방향 전압이 걸려 오프이고 축전기는 방전하며 다이오드에는 입력신호에서 축전기 전압을 뺀 전압이 걸린다. 입력신호가 음이면 다이오드에는 순방향 전압이 걸리고 축전기는 충전하며 다이오드에는 입력신호에 축전기 전압을 뺀 전압이 걸리다.

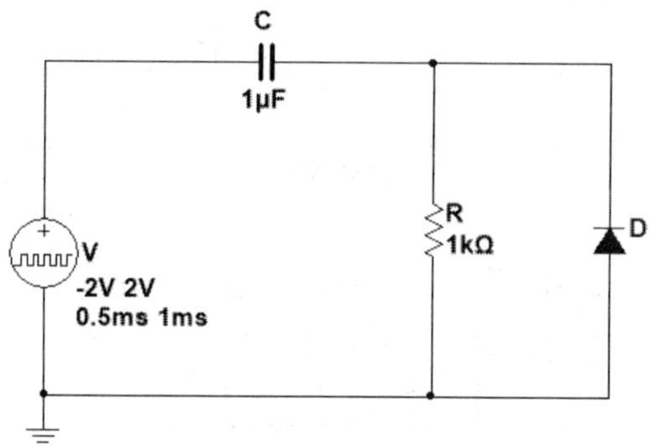

(a) 회로

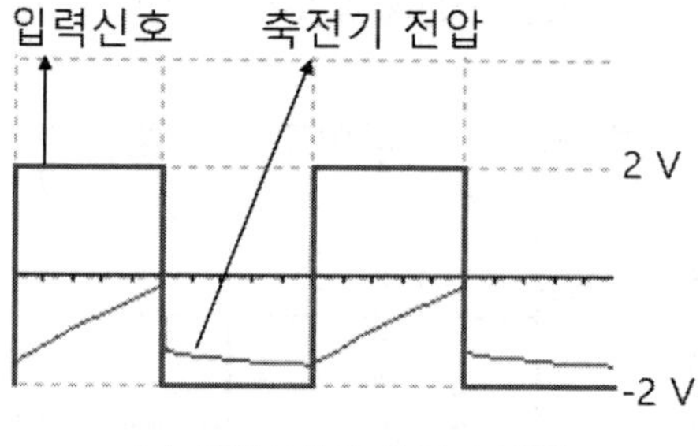

(b) 입력신호와 축전기 전압

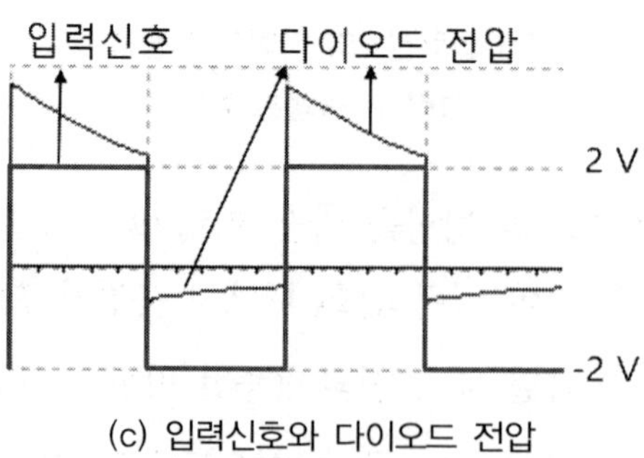

(c) 입력신호와 다이오드 전압

그림 2 클램프 회로

실험

1) 부품 및 계측기

- 직류 전원공급기, 함수발생기
- 다이오드(Si: 1N4148, 1N4154 또는 등가) 1개
- 저항 1 KΩ, 100 KΩ
- 축전기(콘덴서) 1 μF, 10 μF
- 디지털멀티미터(DMM), 오실로스코프

2) 실험 순서

① 그림1.a의 회로를 구성한다($R = 1\,K\Omega$, $C = 1\,\mu F$). 함수발생기를 사용해 주파수가 $1\,kHz$이고 $V_{pk} = 2\,V$인 구형파(펄스파)를 입력전원(V)으로 공급한다.

② 오실로스코프 CH1으로 입력신호를, CH2로 출력전압(V_D)의 파형을 관측하고 표1에 입출력 파형을 기록한다.

③ $R = 100\,K\Omega$, $C = 10\,\mu F$으로 변경하고 입출력 파형을 표2에 기록한다.

④ 그림2.a의 회로를 구성한다($R = 1\,K\Omega$, $C = 1\,\mu F$). 함수발생기를 사용해 주파수가 $1\,kHz$이고 $V_{pk} = 2\,V$인 구형파(펄스파)를 입력전원(V)으로 공급한다.

⑤ 오실로스코프 CH1으로 입력신호를, CH2로 출력전압(V_D)의 파형을 관측하고 표3에 입출력 파형을 기록한다.

⑥ $R = 100\,K\Omega$, $C = 10\,\mu F$으로 변경하고 입출력 파형을 표4에 기록한다.

3) 실험 결과

[표 1]

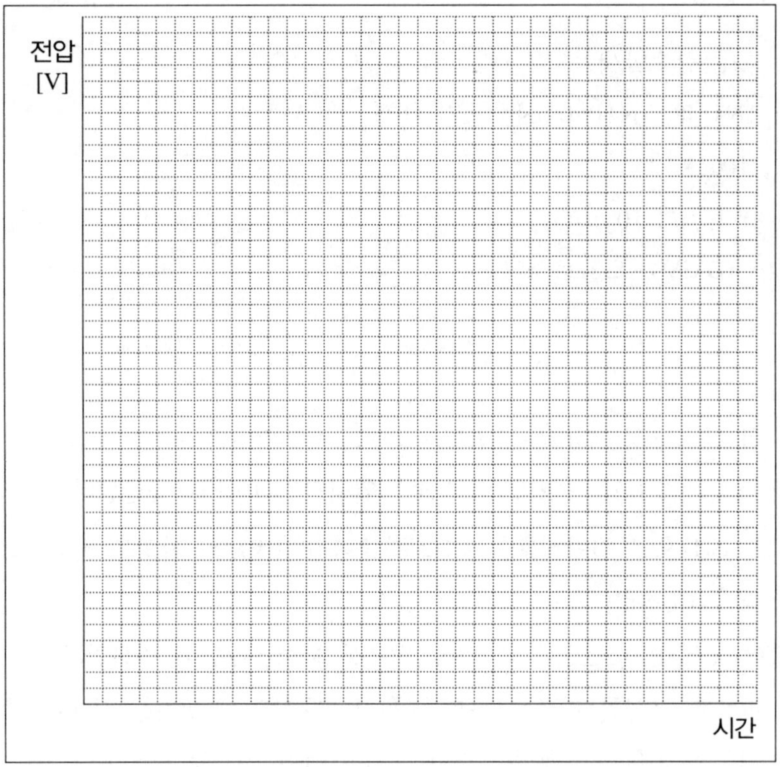

[표 2]

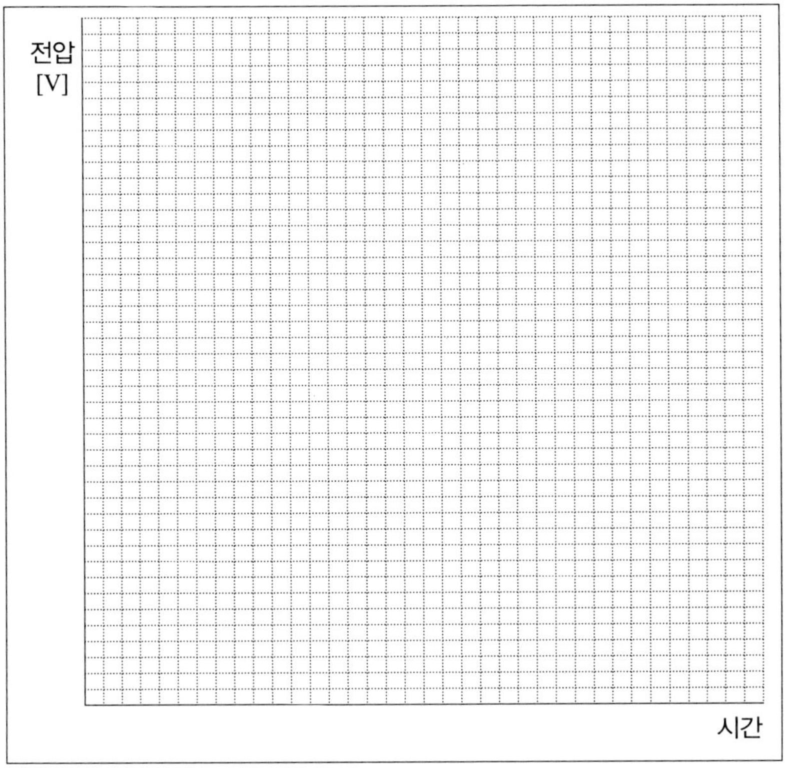

[표 3]

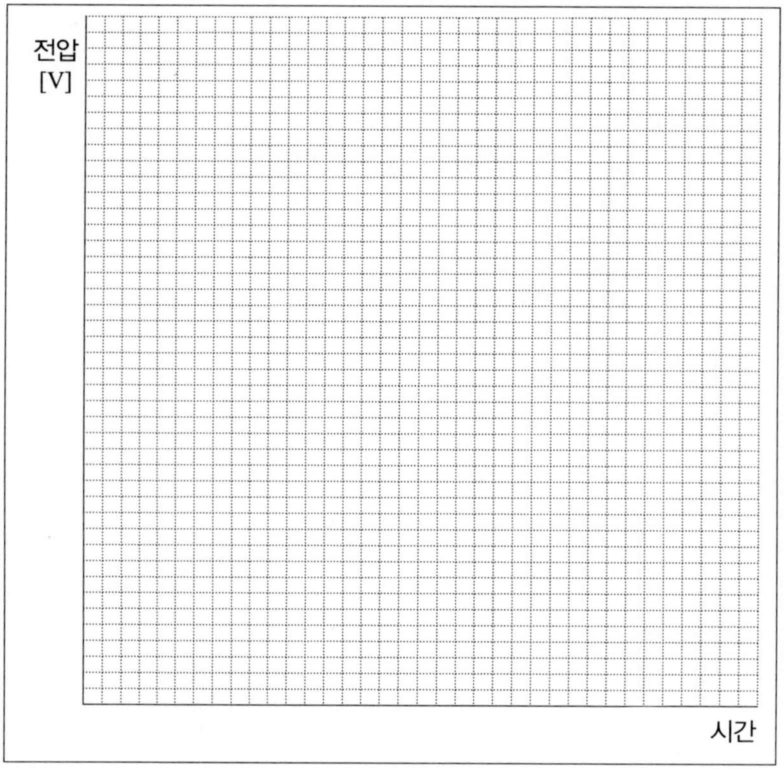

[표 4]

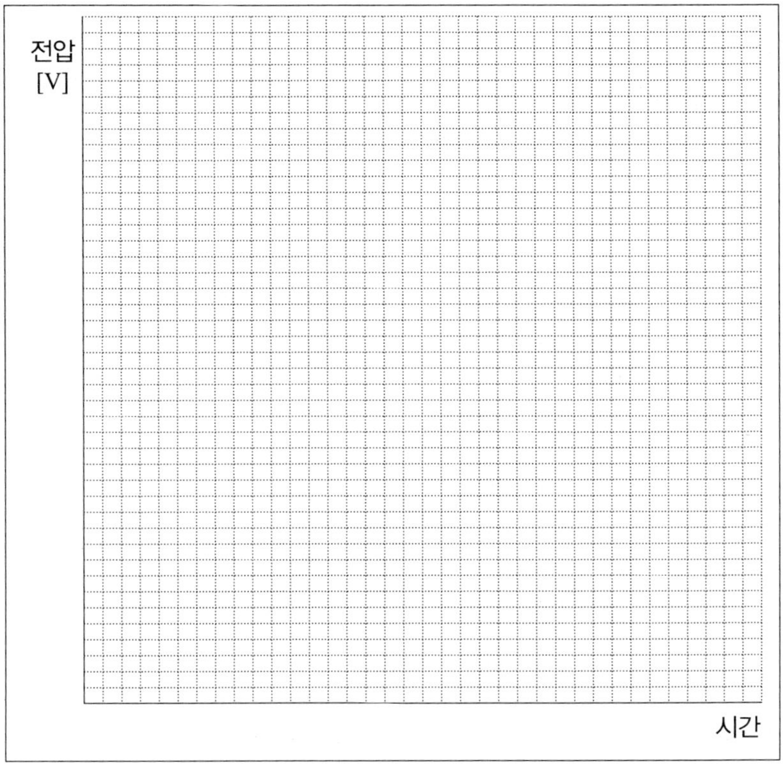

4) 검토

- 클램퍼 회로의 구성과 역할을 파악한다.
- 클램퍼 회로의 시정수를 계산하고 출력과 시정수와의 관계를 파악한다.
- Multisim 활용

[클램퍼 시뮬레이션 회로]

$R=1\,k\Omega,\ C=1\,\mu F$

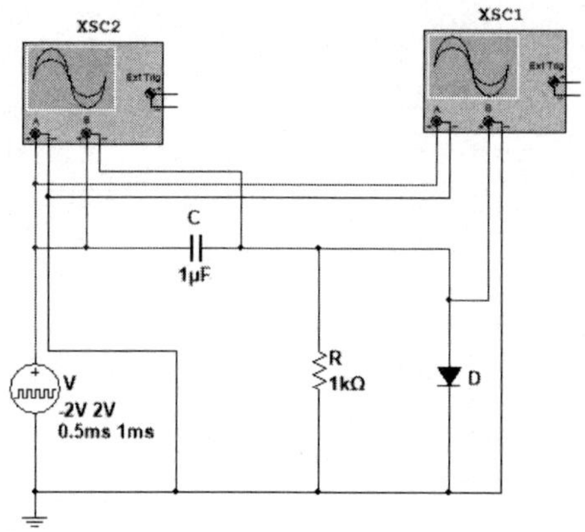

[입력신호와 축전지 전압(V_C)]

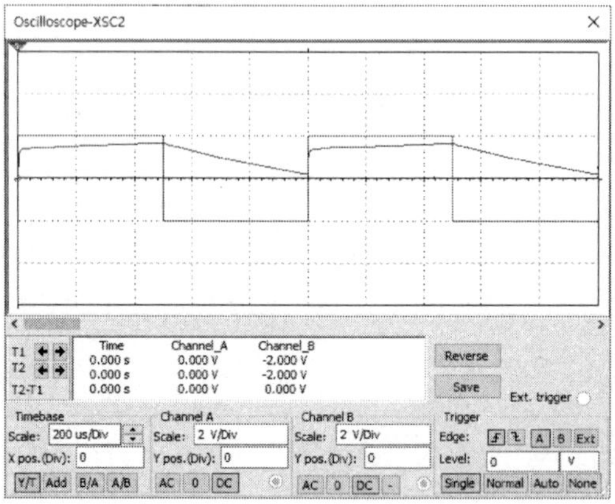

[입력신호와 다이오드 전압(V_D)]

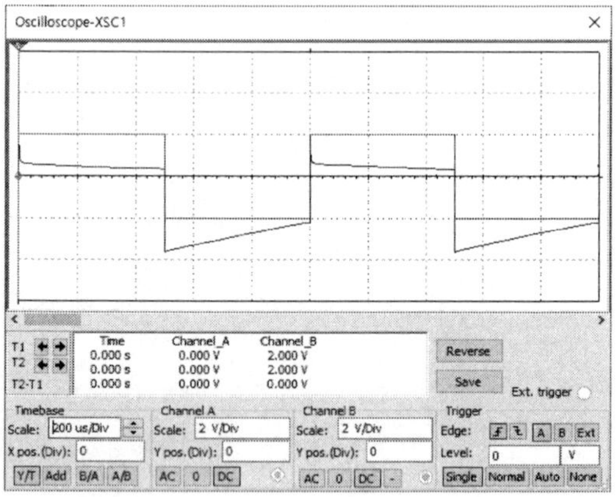

[클램퍼 시뮬레이션 회로]

$R = 100\,k\Omega,\ C = 10\,\mu F$

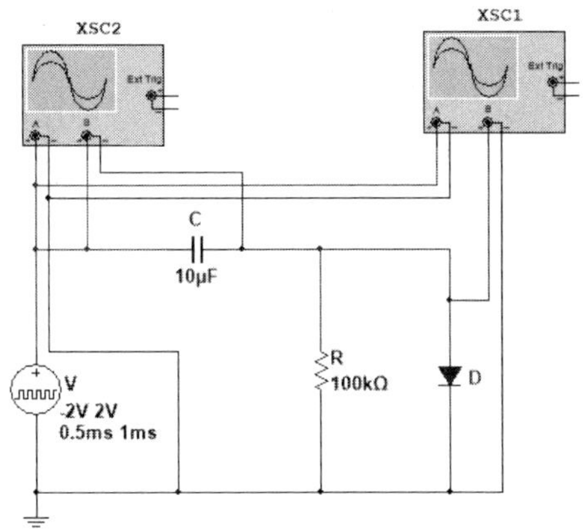

[입력신호와 축전지 전압(V_C)]

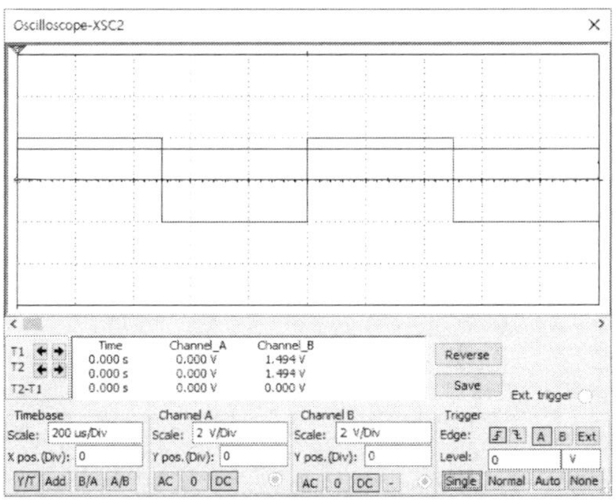

[입력신호와 다이오드 전압(V_D)]

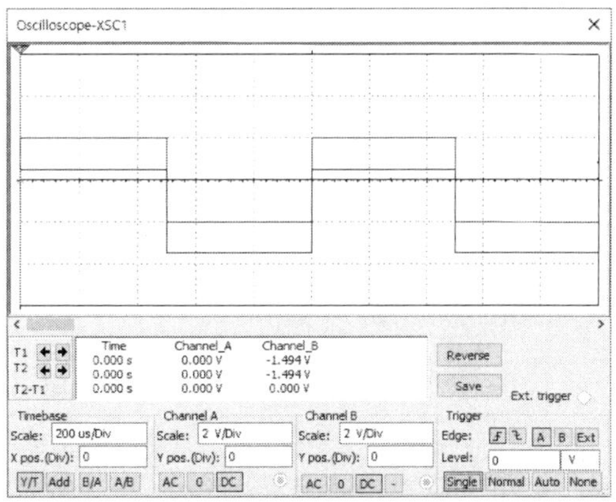

[클램퍼 시뮬레이션 회로]

$R = 1\,k\Omega,\ C = 1\,\mu F$

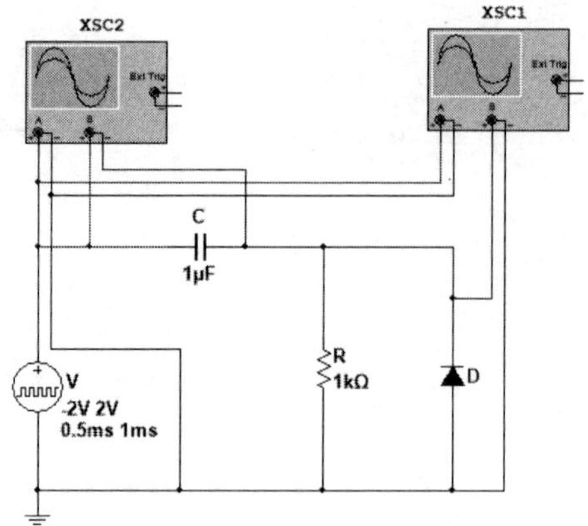

[입력신호와 축전지 전압(V_C)]

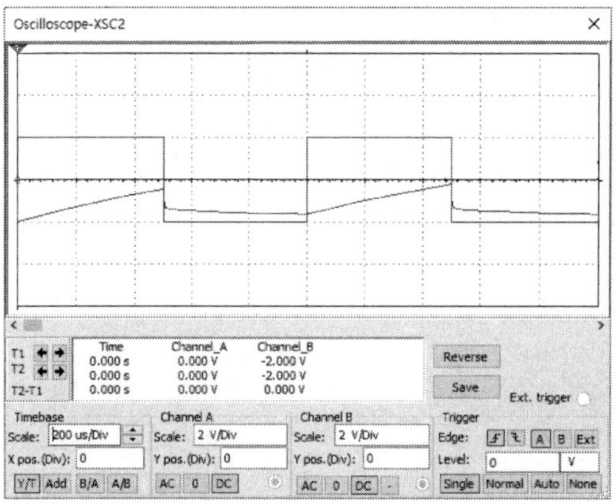

[입력신호와 다이오드 전압(V_D)]

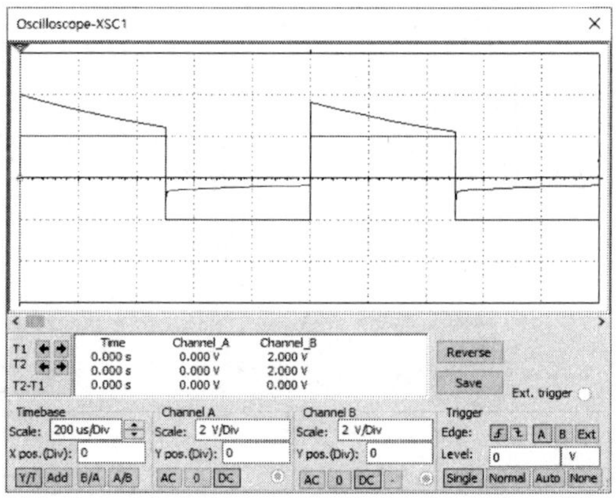

[클램퍼 시뮬레이션 회로]

$R = 100\,k\Omega,\ C = 10\,\mu F$

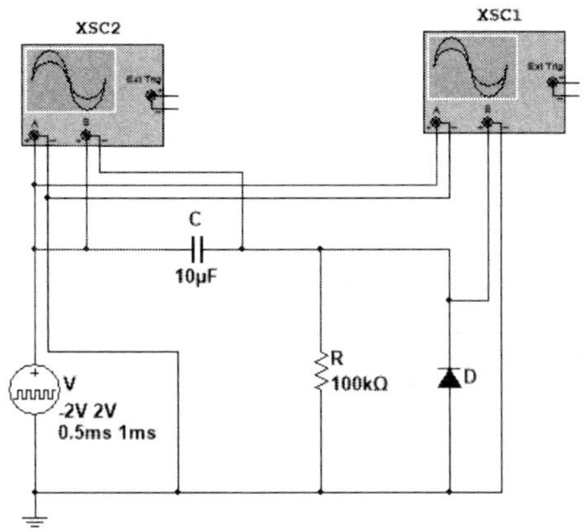

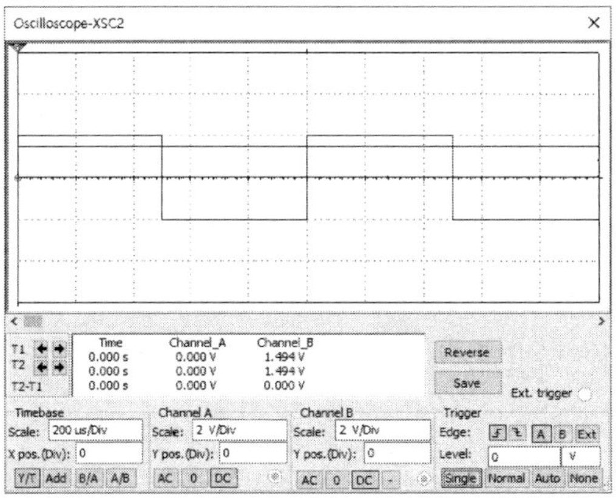

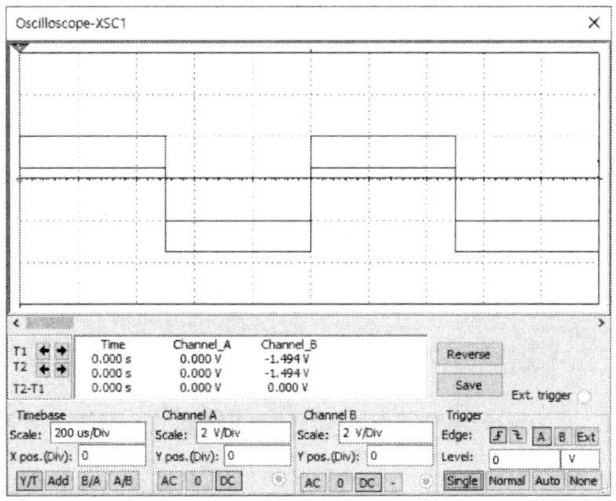

CHAPTER

09 제너 다이오드

실험 목적

- 제너 다이오드의 역방향 전압에서 전압-전류 관계를 실험을 통해 알아본다.
- 제너 다이오드를 이용해 전압조정 실험회로를 구성하고 그 동작원리를 배운다.

이론

제너 다이오드(Zener Diode)는 일반 다이오드 보다 더 많은 불순물을 투입한 반도체 다이오드의 일종으로 정전압 다이오드라고도 한다. 일반적인 다이오드와 유사한 pn접합 구조이나 매우 낮고 일정한 항복(전자사태) 전압 특성을 갖는다. 제너 다이오드는 역방향으로 일정 한 값 이상의 전압(항복전압)이 가해지면 항복 현상이 일어나 전류가 흐르게 되는 점을 제외하면 다이오드와 동일하다. 제너 전압은 2 V부터 수백 V까지 다양하다. 제너 다이오드는 전류가 변해도 전압이 일정하다는 특징을 이용해 정전압 회로(일정치 않은 전압이 입력으로 들어와도 일정한 전압을 출력하는 회로)에 사용되거나, 서지 전류 및 정전기로부터 IC 등을 보호하는 보호 소자로서 사용된다. 일반적인 다이오드가 순방향으로 사용되는 것에 반해, 제너 다이오드는 역방향으로 사용된다. 역방향에서의 항복전압을 제너전압(V_z), 이때 전류를 제너전류(i_z)라 한다.

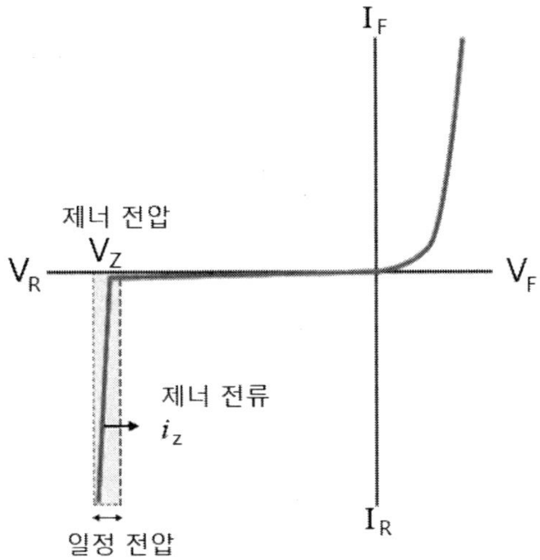

(a) 제너전압 및 제너전류

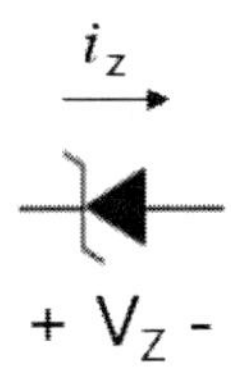

(b) 기호

그림 1 제너다이오드 특성과 기호

제너 다이오드를 이용해 전압 조정기로 사용하는 제너 다이오드 회로가 그림2이다. 이 회로에서 제너 다이오드는 부하 저항(R)과 병렬로 연결되어 직류전원 전압이나 부하 저항이 변해도 어느 범위 내에서 부하에 걸리는 전압(V_R)을 일정하게 유지한다.

- 제너 다이오드가 개방된 상태이면($V_R < V_Z$) 부하에 걸리는 전압(V_R)은 다음 식과 같고 R에 따라 변하므로 전압조정기의 기능을 수행할 수 없다.

$$V_R = \frac{R}{R_1 + R} V$$

- $V_R \geq V_Z$이면 부하 저항(R)에 상관없이 $V_R = V_Z$가 돼서 전압조정기의 기능을 할 수 있다.

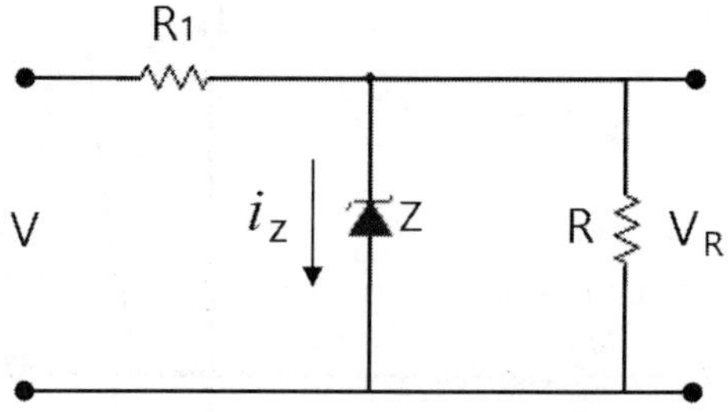

그림 2 전압조정기 회로

제너 다이오드가 도통되면 부하전류(i_R)과 제너 다이오드에 흐르는 전류(i_Z)는 다음과 같이 계산된다.

$$i_R = \frac{V_R}{R},\ i_{R_1} = \frac{V - V_R}{R_1},\ i_Z = i_{R_1} - i_R$$

부하저항은 변하지 않고 전원 전압(V)이 변할 때를 생각해보자.

- 제너 다이오드가 개방된 상태이면($V_R < V_Z$) 전원 전압(V)이 커지면 출력 전압(V_R)도 커진다. 부하저항은 고정이니까 이는 부하전류(i_R)를 증가시키고 저항 R_1에 흐르는 전류(i_{R_1})도 커져서 저항 R_1의 전압강하(V_{R_1})도 커진다.

$$V_R = \frac{R}{R_1 + R} V$$

- $V_R \geq V_Z$이면 전원 전압(V)가 커져서 전압강하(V_{R_1})가 증가해도 $V_R = V_Z$이어서 전압조정기의 기능을 할 수 있다.

실험

1) 부품 및 계측기

- 직류 전원공급기, 함수발생기
- 제너 다이오드(1N4733, 1 W, 제너전압 5.1 V)
- 저항 100 $\Omega(\frac{1}{2}$ W), 1 K$\Omega(\frac{1}{2}$ W)
- 디지털멀티미터(DMM), 오실로스코프

2) 실험 순서

(1) 제너 다이오드 특성

① 그림 3의 회로를 구성한다. 저항 $R_1 = 100\,\Omega$을 사용한다.

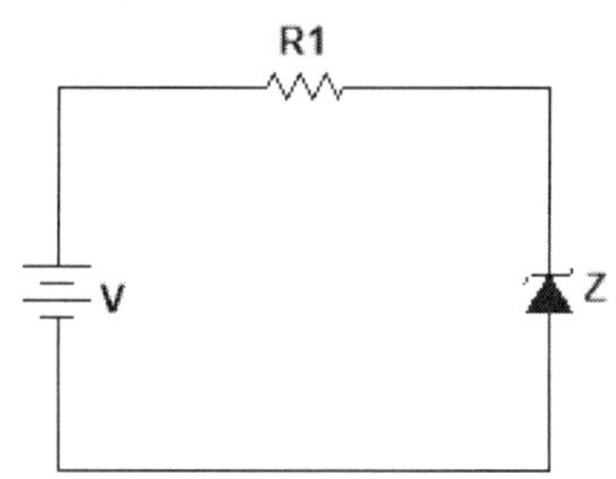

그림 3 실험 회로

② 입력 전원(V)을 표1과 같이 증가시키면서 V_Z와 V_{R_1}을 측정해서 기록한다.

③ 전류 i_{R_1}을 계산해서 표1에 기록한다.

④ 표1의 데이터를 사용해서 표2에 제너 다이오드의 전압-전류 특성 그래프를 그린다.

(2) 전압조정기

① 그림 4의 회로에서 부하저항 $R = 1\,k\Omega$, 저항 $R_1 = 100\,\Omega$을 사용한다.

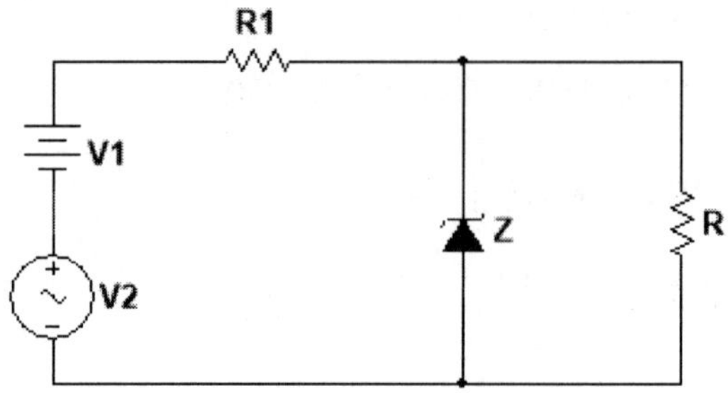

그림 4 실험 회로

② 입력 전원에 직류 전원 전압($V_1 = 0\ V$)과 함수발생기의 정현파 출력 V_2 ($V_{pk} = 5\ V$, $f = 1\,kHz$)을 직렬로 연결한다.

③ 오실로스코프의 CH1으로 입력 전원의 출력 파형을, CH2로 부하에 걸리는 전압 V_R을 관측한다.

④ 입력 직류 전원 전압(V_1)를 표3과 같이 증가시키면서 V_R와 V_{R_1}을 측정해서 표 3에 기록한다. i_{R_1}, i_R과 i_Z를 계산해서 기록한다.

⑤ 직류 전원 전압(V_1)이 0 V, 5 V와 10 V 일 때의 입출력 파형을 표4, 표5, 표6에 그린다.

3) 실험 결과

[표 1]

V [V]	V_Z [V]	V_{R_1} [V]	$i_{R_1} = \frac{V_{R_1}}{R_1}$ [mA]
0			
1			
2			
3			
4			
5			
6			
7			

[표 2]

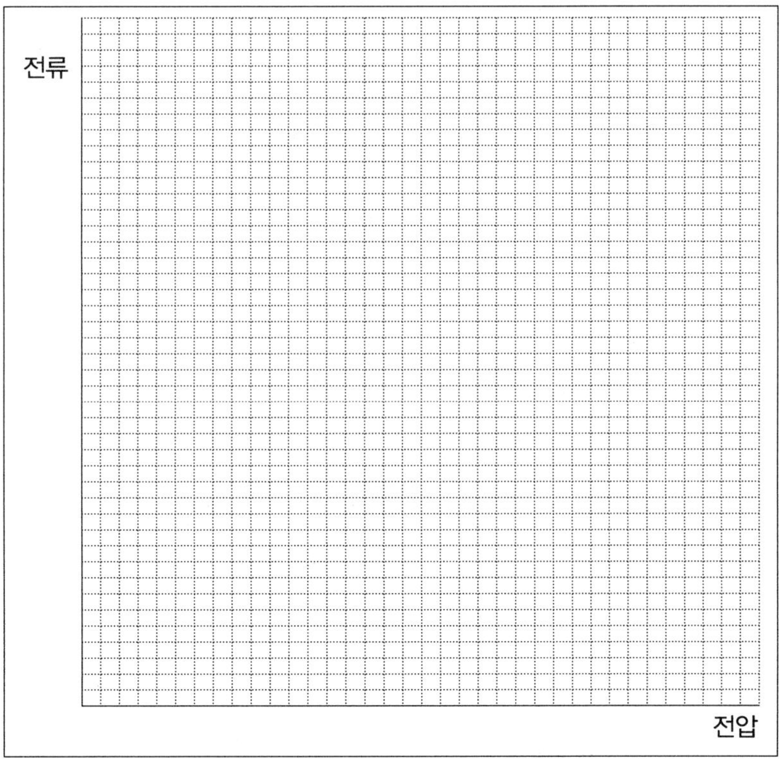

[표 3]

V_1 [V]	V_R [V]	V_{R_1} [V]	$i_{R_1} = \frac{V_{R_1}}{R_1}$ [mA]	$i_R = \frac{V_R}{R}$ [mA]	$i_Z = i_{R_1} - i_R$ [mA]
0					
5					
10					

[표 4]

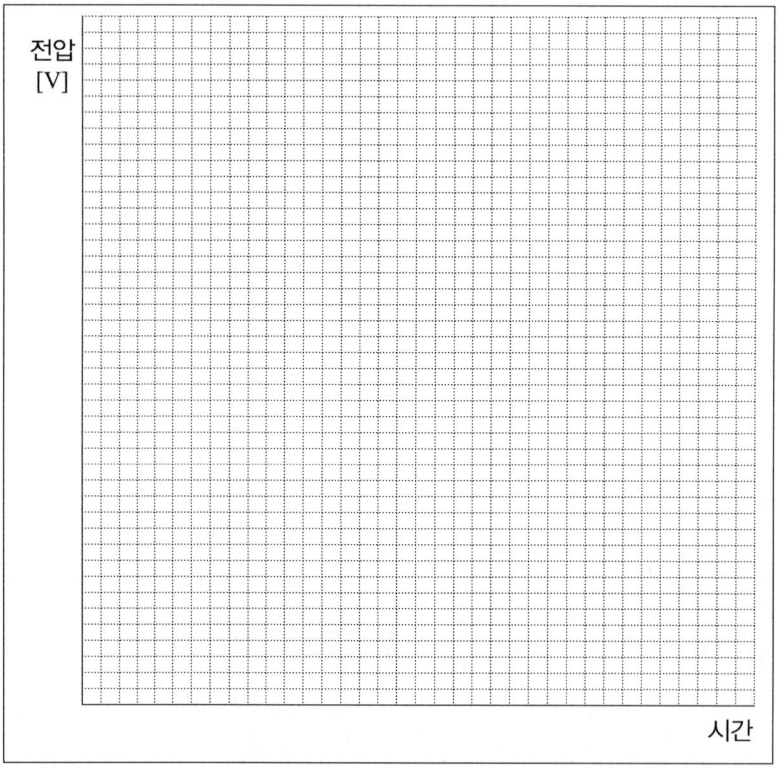

[표 5]

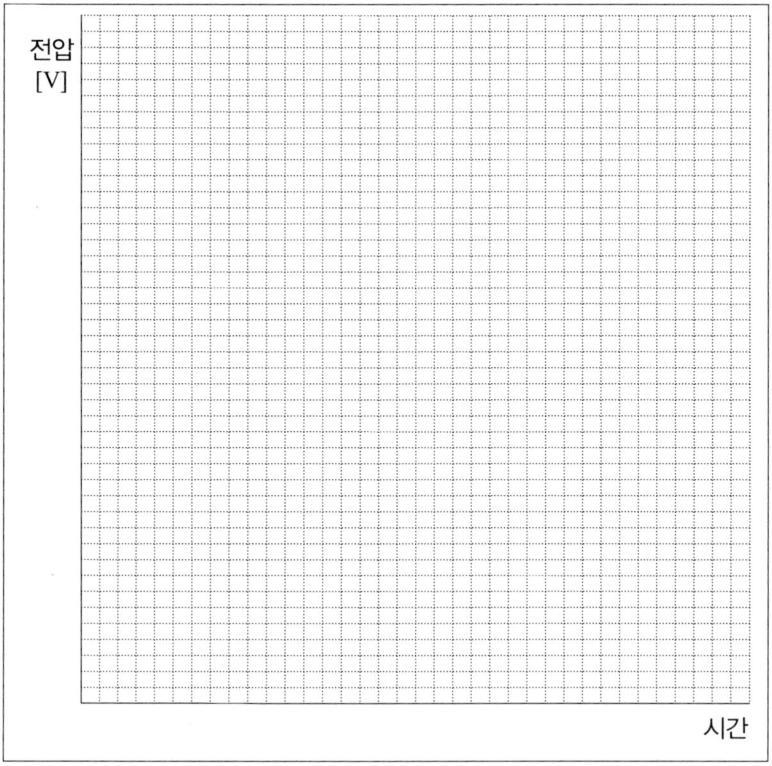

[표 6]

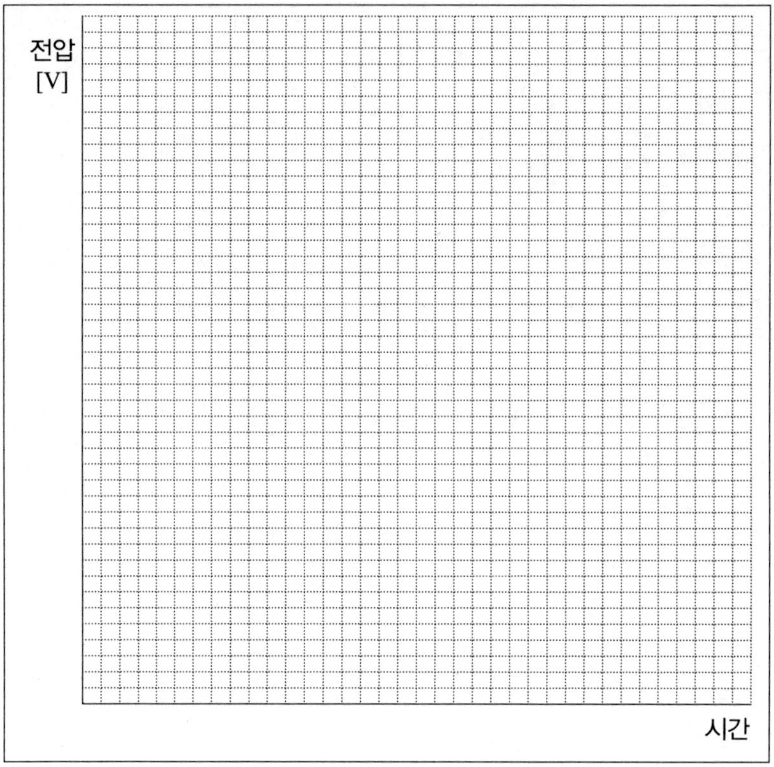

4) 검토

- 전압조정기에서 활용되는 제너 다이오드의 특성
- 1N4740 제너 다이오드의 데이터시트 확인
- 입력전압 변동에 따른 출력 전압의 변동
- Multisim 활용

[시뮬레이션 회로]
($V_Z = 5.1\ V$인 경우)

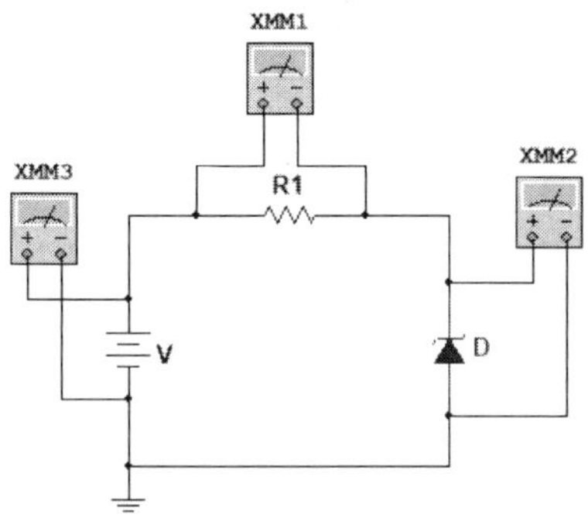

[직류 전원 전압(V)]

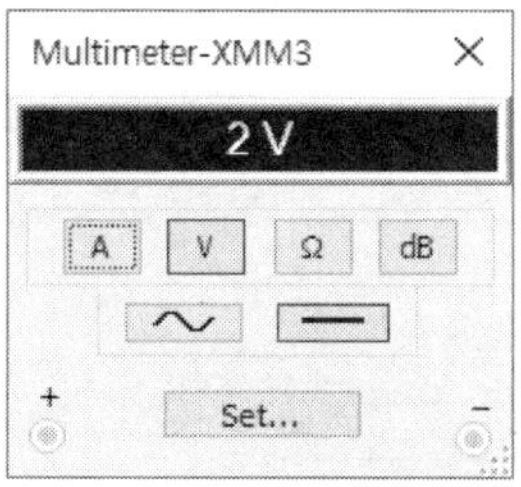

[R_1 전압(V_{R_1})]

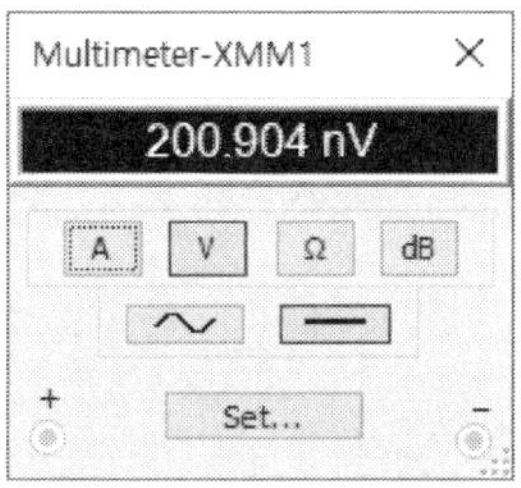

[출력 전압(V_D)]

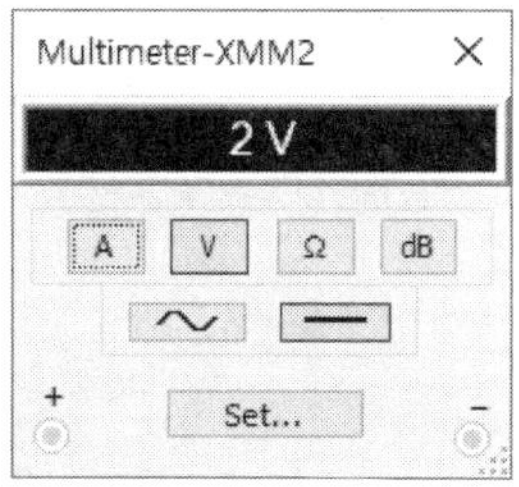

[직류 전원 전압(V)]

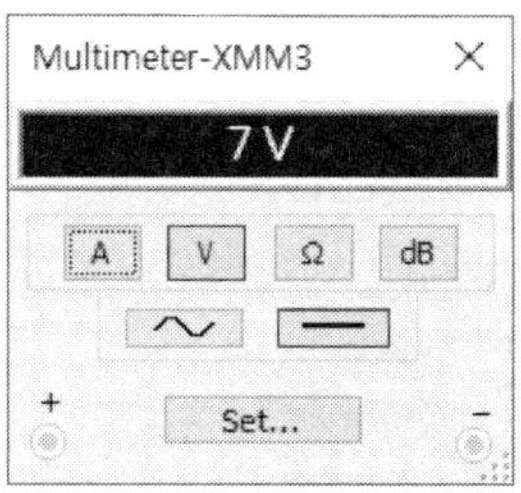

[R_1 전압(V_{R_1})]

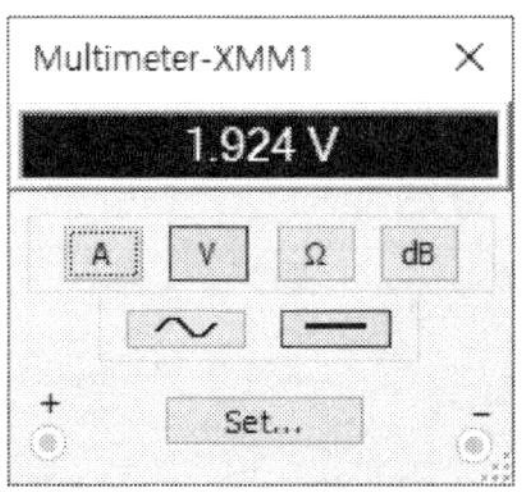

[출력 전압(V_D)]

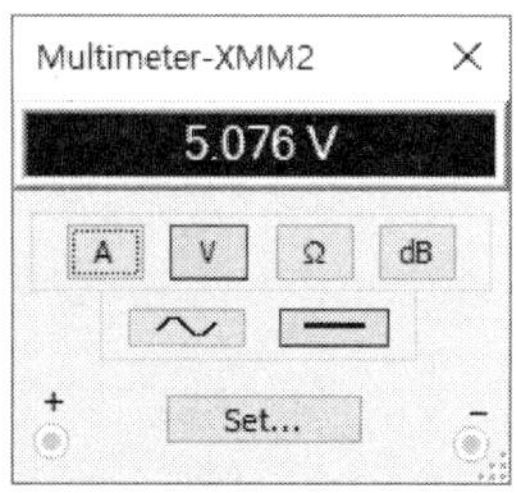

[시뮬레이션 회로]

($V_Z = 5.1\ V$이고 부하저항이 있는 경우)

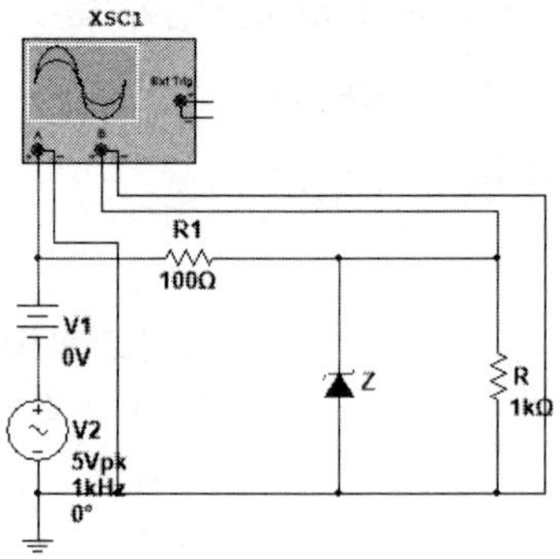

[$V_1 = 0\ V$일 때 V_R]

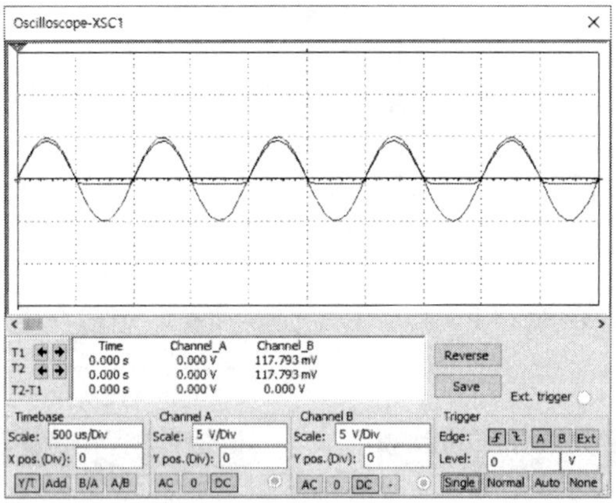

[$V_1 = 5\ V$일 때 V_R]

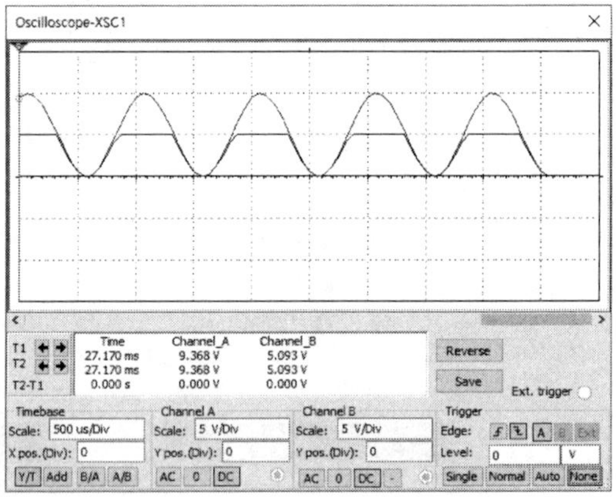

[$V_1 = 10\ V$일 때 V_R]

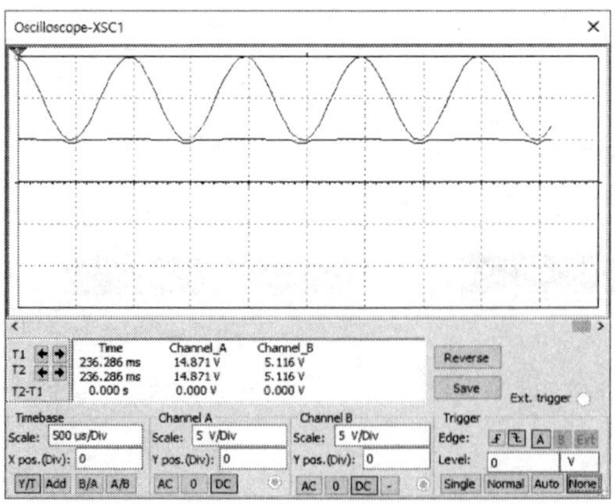

• ElectroDroid 앱 활용

[일정 전압(V_{out})과 전류(I_{zener}, I_{out})를 출력으로 얻기 위한 저항 계산]

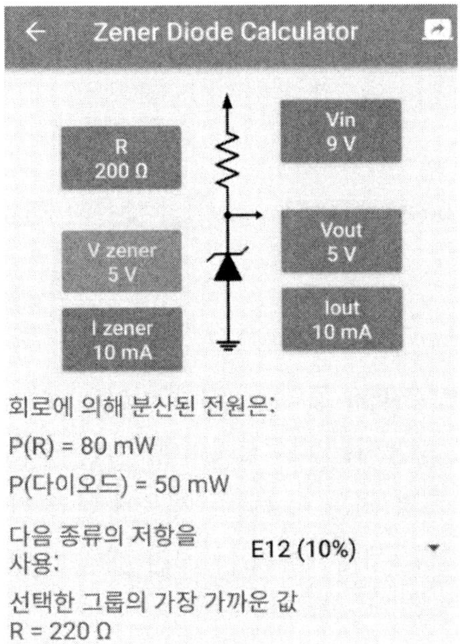

CHAPTER

10 발광 다이오드

실험 목적

- 발광 다이오드(Light Emitting Diode: LED)의 전류와 전압을 계산하고 측정한다.

이론

발광 다이오드는 GaAsP, GaPpn 등의 pn 접합 다이오드에 순방향 전류를 흘려 재료에 특수한 빛 에너지의 광자가 방출되는 다이오드이다. 이런 과정을 전계발광(Electroluminescence)이라 한다. 발광 다이오드의 색은 사용하는 재료에 따라 다르며 자외선 영역에서 가시광선, 적외선 영역까지 다양하다. 색에 상관없이 모든 발광 다이오드는 빛을 발생시키는 순방향 전압과 전류가 정해져 있다. 따라서 다이오드가 순방향 전압이어도 전압과 전류가 일정한 수준에 도달하지 않으면 빛을 방출하지 않는다. 발광 다이오드는 대략 2 V, 20 mA의 전압과 전류에서 동작한다. 발광 다이오드는 전류에 의해 구동하는 소자로 발광 광도는 전류에 비례한다.

그림1.a는 가장 보편적으로 사용되는 발광 다이오드 구동회로이다. 직류전원(V)으로부터 전류를 제한하는 저항(R)을 거쳐 발광 다이오드에 전류가 흐른다. 발광 다이오드의 동작점은 그림1.b와 같이 전류-전압 특성 곡선과 부하선이 만나는 점이다. 여기서 발광 다이오드의 순방향 강하 전압(V_F)이 일정하다고 가정하면 발광 다이오드에 흐르는 전류는 다음과 같다.

$$i_F = \frac{V - V_F}{R}$$

$V_F = 2\,V$라 가정하고 저항 $R = 220\,\Omega$이면 $i_F = \frac{5-2}{220} \simeq 13.6\,mA$이다. 발광 다이오드에 흐르는 전류가 $10 \sim 50\,mA$일 때 발광 다이오드에서 전압 강하는 $1.5 \sim 2.5\,V$를 나타낸다.

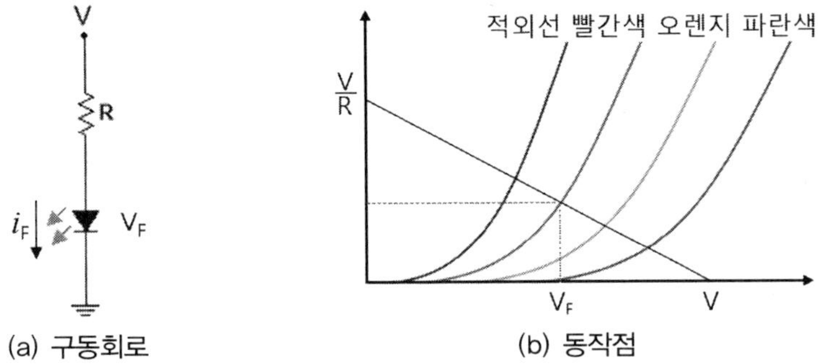

그림 1 발광 다이오드 구동회로와 동작점

실험

1) 부품 및 계측기

- 직류 전원공급기
- 발광 다이오드(빨간색, 노란색, 초록색)
- 저항 200 Ω
- 디지털멀티미터(DMM), 오실로스코프

2) 실험 순서

① 빨간색 발광 다이오드를 사용해서 그림2의 회로를 구성한다($R = 200\,\Omega$). 발광 다이오드는 양극인 다리가 조금 길다.

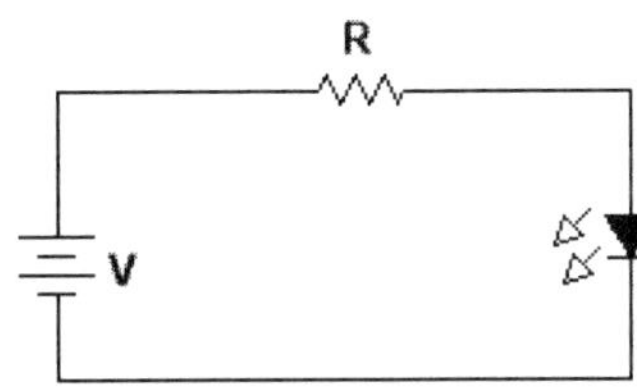

그림 2 실험 회로

② 입력 전압(V)을 표1과 같이 변경하면서 저항에 걸리는 전압(V_R)과 발광 다이오드에 걸리는 전압(V_F)를 측정해서 표1에 기록한다. 발광 다이오드에 흐르는 전류(i_F)를 계산해서 표1에 기록한다.

③ 표1의 데이터를 사용해 표2에 전류(i_F)-전압(V_F) 그래프를 그린다.

④ 노란색 및 초록색 발광 다이오드에 대해 ①, ②, ③ 단계를 반복한다.

3) 실험 결과

[표 1]

V [V]	V_R [V]	V_F [V]			i_F [mA]
		빨간색	노란색	초록색	
1					
2					
3					
4					
5					

[표 2]

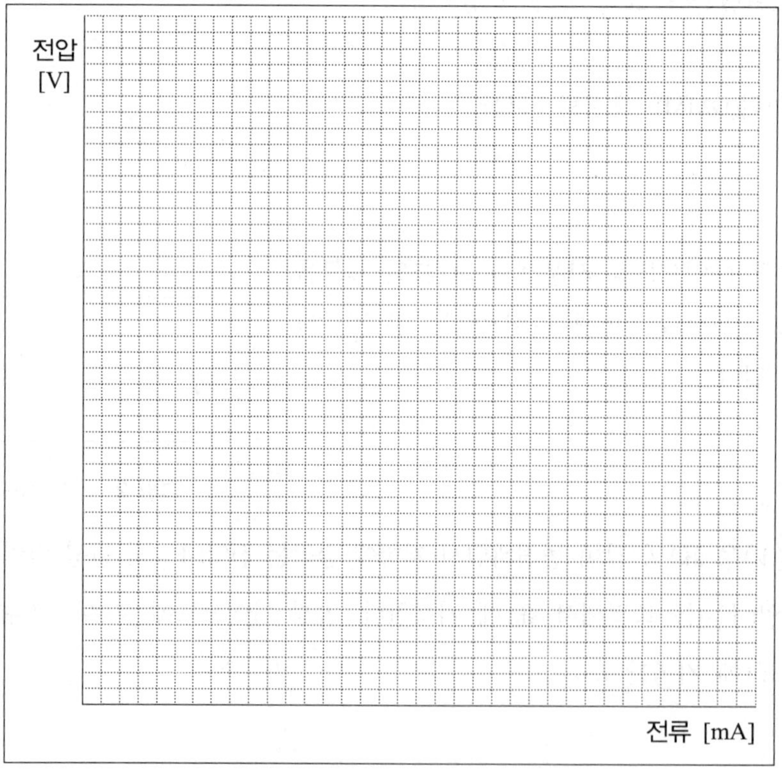

4) 검토

- 직류 공급 전압이 5 V일 때 빨간색 발광 다이오드에 흐르는 전류를 20 mA로 제한하려면 발광 다이오드에 얼마의 저항(R)을 직렬로 연결해야 하나?
- Multisim 활용

[시뮬레이션 회로]

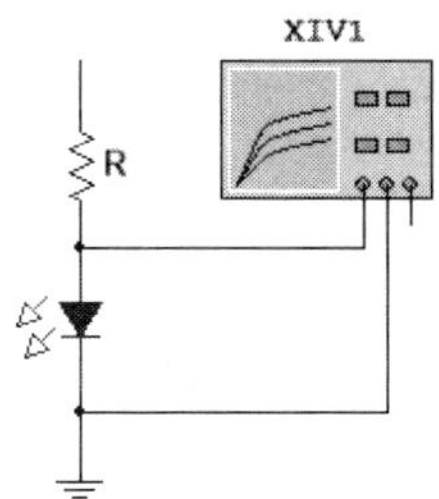

[빨간색 LED 전류–전압 곡선]

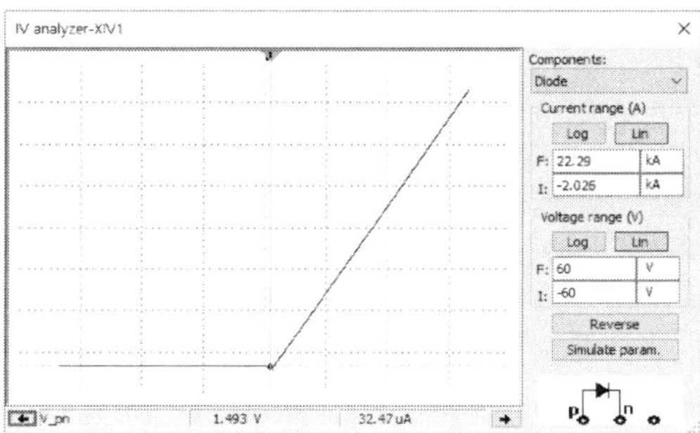

[노란색 LED 전류–전압 곡선]

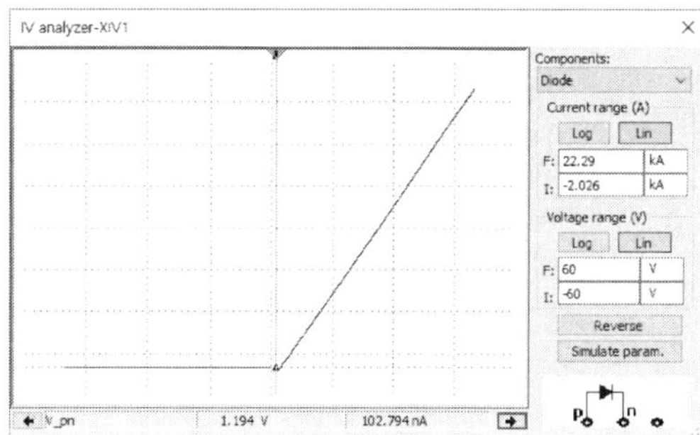

[초록색 LED 전류–전압 곡선]

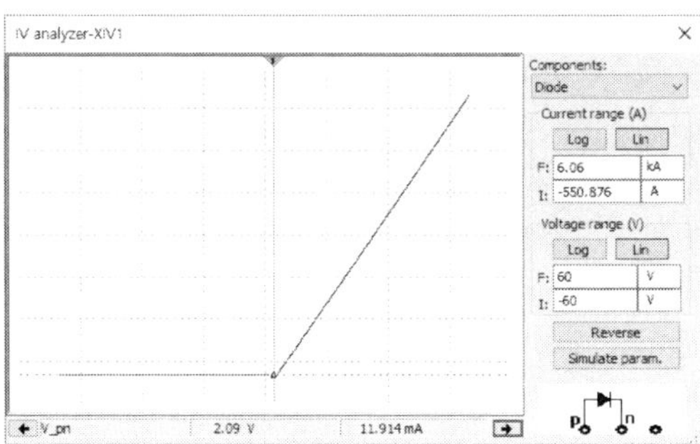

[파란색 LED 전류–전압 곡선]

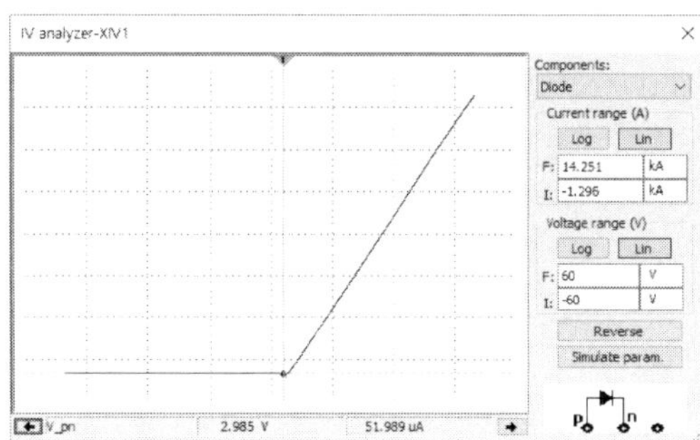

• ElectroDroid 앱 활용

[LED 직렬 저항 값 계산]

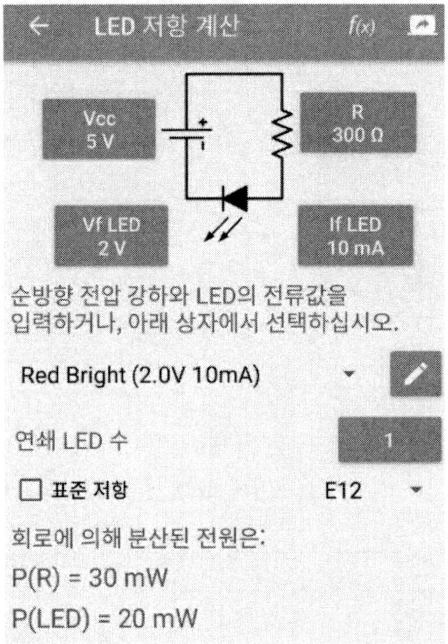

CHAPTER

11 BJT(쌍극성 접합 트랜지스터) 특성

실험 목적

• 트랜지스터의 컬렉터 특성곡선을 그리고 실험을 통해 α, β 값을 결정한다.

이론

BJT(쌍극성 접합 트랜지스터)는 실리콘(Si) 또는 게르마늄(Ge) 반도체의 접합으로 만들어지는 트랜지스터로 그림1.a와 같이 두개의 n형 반도체 사이에 p형 반도체가 끼어있거나, 그림 2.a와 같이 두개의 p형 반도체 사이에 n형 반도체가 끼어있는 구조를 갖는다. BJT는 이미터(Emitter), 베이스(Base), 컬렉터(Colletor)의 3개 단자를 가지며 전자와 정공 두 캐리어가 트랜지스터 동작에 핵심 역할을 한다는 의미에서 쌍극성 접합 트랜지스터라 한다. 그림에서 V_{BE}는 베이스와 이미터 접합에 인가되는 전압으로 순방향 바이어스를, V_{CB}는 컬렉터와 베이스 접합에 인가되는 전압으로 역방향 바이어스를 나타낸다. 이미터 전류(i_E)는 순방향 바이어스로 발생하며, npn의 경우 이미터에서 베이스로 이동한 전자들과 베이스에서 이미터로 이동한 정공에 의한 전류이다. 정공에 의한 전류는 전자에 의한 전류에 비해 매우 작다. 베이스 전류(i_B)는 이미터에서 온 전자들이 베이스의 정공과 만나서 이루는 전류로 베이스 층이 얇을수록 작아진다. 컬렉터 전류(i_C)는 이미터에서 온 전자들이 베이스를 거쳐 컬렉터-베이스 전자장에 끌려 컬렉터로 넘어온 전류이다.

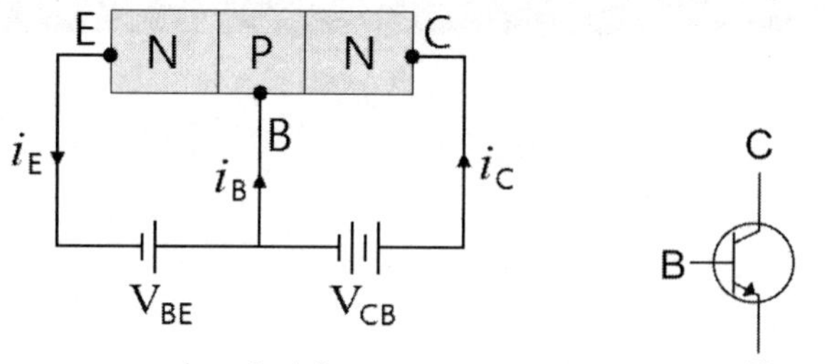

$i_E = i_C + i_B$

(a) npn 구조 (b) npn 기호

그림 1 npn 트랜지스터 구조와 기호

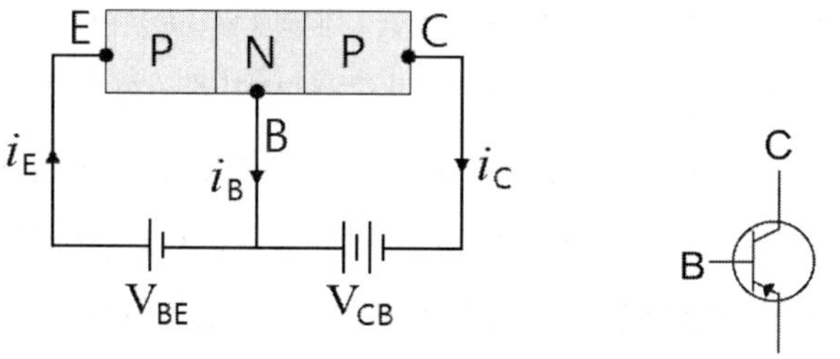

$i_C = i_E - i_B$

(a) pnp 구조 (b) pnp 기호

그림 2 pnp 트랜지스터 구조와 기호

BJT는 그림3과 같은 전류-전압 특성을 가진다. BJT는 3개의 동작영역(활성영역, 차단영역 및 포화영역)을 갖는데, 활성영역은 전류와 전압 사이의 관계가 선형인(직선) 구간으로 증폭회로(필요에 의해 컬렉터에서 이미터로 흐르는 전류를 변경)에서 사용된다. BJT의 차단영역과 포화영역은 트랜지스터를 스위치로 동작시키는데 사용된다. npn의 경우 차단영역에 있을 때는 컬레터에서 이미터로 전류가 흐르지 않아서(이상적인 경우) 오프 스위치로 동작하고 포화영역에서는 정격 전류가 컬렉터에서 이미터로 흘러서 온 스위치로 동작한다. BJT의 동작영역, 접합 바이어스와 동작을 요약하면 그림4와 같다.

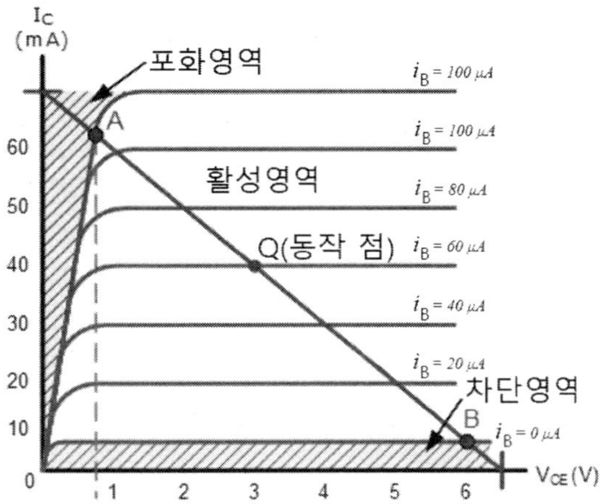

그림 3 BJT 전류-전압 특성

동작 영역	EB 접합	CB 접합	동작	
차단영역	역방향 바이어스	역방향 바이어스	스위칭	오프
포화영역	순방향 바이어스	순방향 바이어스		온
활성영역	순방향 바이어스	역방향 바이어스	증폭	

그림 4 BJT의 영역별 동작

3단 소자인 트랜지스터가 입출력 4단자 회로망에 사용하려면 세 단자 가운데 어느 한 단자를 입출력에 공통으로 연결해야 한다. 공통 단자에 따라 공통 베이스, 공통 이미터와 공통 컬렉터라 부르며 출력 특성이 달라진다. 공통 베이스와 공통 이미터에 대해 간략히 소개한다.

1) 공통 베이스

BJT의 공통 베이스는 그림5에서와 같이 베이스 단자가 이미터 단자와 컬렉터 단자에 공통으로 접속되어 있다. 공통 베이스 트랜지스터에서 입력 특성은 이미터 특성을, 출력 특성은 컬렉터 특성을 나타낸다.

- 입력 특성은 출력 전압(V_{CB})이 일정할 때 입력 전압(V_{BE}) 대 입력 전류(i_E)의 관계이다.
- 출력 특성은 입력 전류(i_E)가 일정할 때 출력 전압(V_{CB})-출력 전류(i_C)의 관계이다.

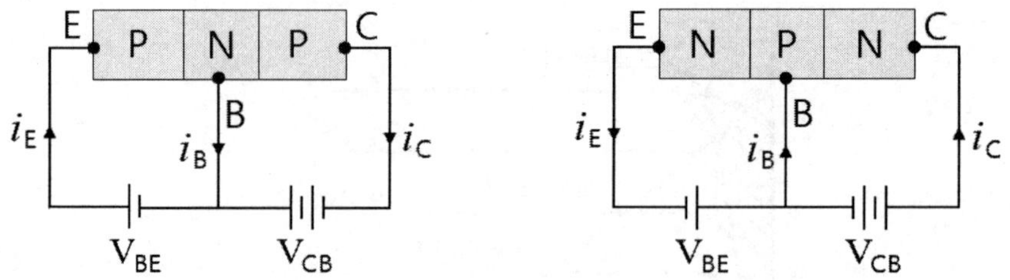

$i_C = i_E - i_B$

(a) pnp

$i_E = i_C + i_B$

(a) npn

그림 5 공통 베이스

BJT를 증폭기로 사용하려면 활성영역에 있도록 바이어스(전압)를 인가해야 한다. 즉 이미터 접합은 순방향 바이어스(V_{BE})를, 컬렉터 접합은 역방향 바이어스(V_{CB})를 인가해야 한다. 공통 베이스에서 V_{CB}가 일정할 때 순방향 전류 증폭률(이미터 전류 대 컬렉터 전류의 비율) α는 다음과 같이 정의된다.

$$\alpha \simeq \frac{i_C}{i_E},\ \text{통상}\ \alpha: 0.9 \sim 0.998$$

컬렉터 전류는 다음과 같이 표시된다.

$$i_C = \alpha \cdot i_E + i_{CBO}$$

여기서 i_{CBO}는 이미터 단자를 개방했을 때 컬렉터에서 베이스로 흐르는 역방향 전류이다.

2) 공통 이미터

가장 많이 사용되는 공통 이미터는 그림6에서와 같이 이미터 단자가 베이스 단자와 컬렉터 단자에 공통으로 접속되어 있다.

- 입력 특성은 출력 전압(V_{CE})이 일정할 때 입력 전압(V_{BE}) 대 입력 전류(i_B)의 관계이다.
- 출력 특성은 입력 전류(i_B)가 일정할 때 출력 전압(V_{CE})-출력 전류(i_C)의 관계이다.

출력(컬렉터) 특성에는 활성영역(EB접합은 순방향 바이어스, CE 접합은 역방향 바이어스), 차단영역과 포화영역이 있는데, 활성영역에 있을 때 증폭이 이루어진다.

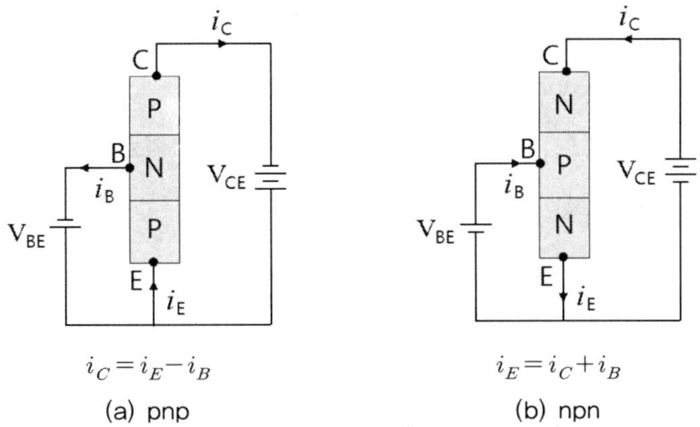

그림 6공통 이미터

공통 이미터에서 V_{CE}가 일정할 때 순방향 전류 증폭률(베이스 전류 대 컬렉터 전류의 비율) β는 다음과 같이 정의한다.

$$\beta \simeq \frac{i_C}{i_B},\ \text{통상}\ \ \beta : 50 \sim 400$$

컬렉터 전류는 다음과 같이 표시된다.

$$i_C = \beta \cdot i_B + i_{CEO}$$

여기서 i_{CEO}는 베이스 단자를 개방했을 때 컬렉터에서 이미터로 흐르는 전류이다.

실험

1) 부품 및 계측기

- 직류 전원공급기
- 트랜지스터(NPN: 2N3704, 3904, 2N4400, 4401 또는 등가)
- 저항 1 KΩ, 330 KΩ, 1 MΩ 전위차계, 5 KΩ 전위차계
- 디지털멀티미터(DMM)

2) 실험 순서

공통 이미터 회로의 출력(컬렉터) 특성을 알아보기 위해 다음 순서로 실험을 진행한다.

① 그림7의 회로를 구성하고($R_b = 330\Omega,\ R_c = 1K\Omega$) 표1의 $V_{R_b} = 3.3mV$가 되도록 V_{BB}를 조정한다.

이 때 $i_B = 10\mu A$이다($i_B = \dfrac{V_{R_b}}{R_b} = \dfrac{3.3mV}{330\Omega} = \dfrac{3.3\times10^{-3}}{330} = 10\times10^{-6}A$).

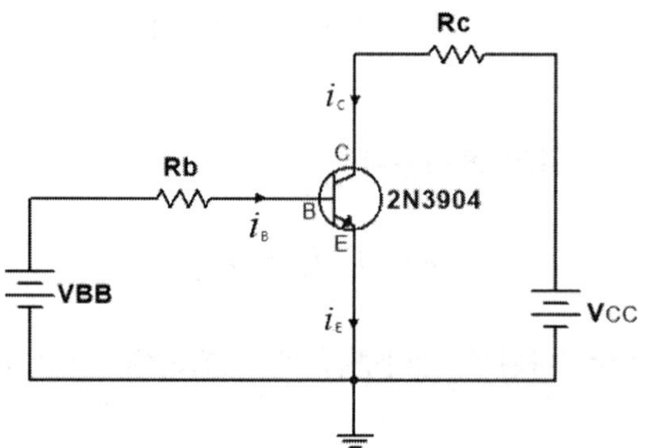

그림 7실험 회로

② 표1에서와 같이 V_{CC}를 변경한다. 이 때 $i_B = 10\mu A$를 유지해야 한다. V_{CC}의 각 값에 대해서 V_{R_C}와 V_{CE}를 측정해서 표1에 기록한다.

③ $i_C = \dfrac{V_{R_C}}{R_C}$와 $i_E = i_C + i_B$에서 i_C와 i_E를 계산해서 표1에 기록한다.

④ $\alpha = \dfrac{i_C}{i_E}$, $\beta = \dfrac{i_C}{i_B}$에서 α와 β를 계산해서 표1에 기록한다.

⑤ 표1의 나머지 V_{R_B}에 대하여 실험 ① ~ ④를 반복한다.

⑥ 표1의 데이터를 사용하여 트랜지스터의 출력(컬렉터) 특성을 나타내는 $V_{CE} - i_C$ 그래프를 그린다(참조 그림3).

⑦ V_{CC}를 10 V에 고정한다. V_{CE}가 최소가 되도록 V_{BB}를 조정하고 이 때 i_C를 측정해서 포화점 (V_{CE}, i_C)를 구한다. V_{CE}가 최대가 되도록 V_{BB}를 조정하고 이 때 i_C를 측정해서 차단점 (V_{CE}, i_C)를 구한다. 포화점과 차단점을 연결하는 직류 부하선을 단계 ⑥의 $V_{CE} - i_C$ 그래프에 그린다.

3) 실험 결과

[표 1]

V_{R_b} [mV]	i_B [μA]	V_{CC} [V]	V_{R_c} [V]	계산	V_{CE} [V]	계산		
				i_C [mA]		i_E [mA]	α	β
3.3	10	2						
		4						
		6						
		8						
		10						
		12						
		14						
		16						
		18						
		20						
9.9	30	2						
		4						
		6						
		8						
		10						
		12						
		14						
		16						
		18						
		20						
15.5	50	2						
		4						
		6						
		8						
		10						
		12						
		14						
		16						
		18						
		20						

[표 2]

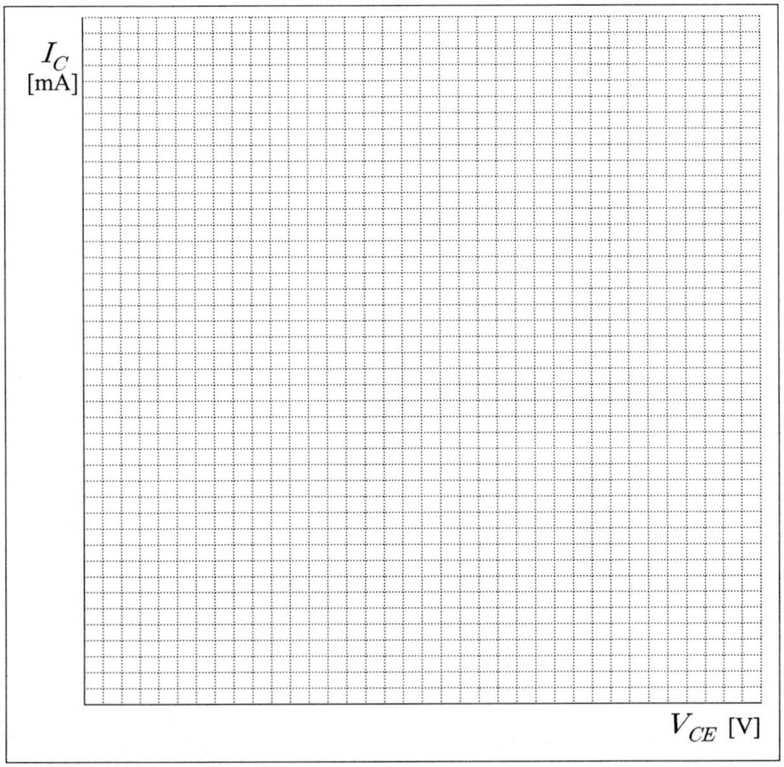

4) 검토

- BJT가 활성영역에서 동작할 때의 이미터 접합과 컬렉터 접합의 바이어스(전압)
- Multisim 활용

[공통 이미터 출력 특성 시뮬레이션 회로]

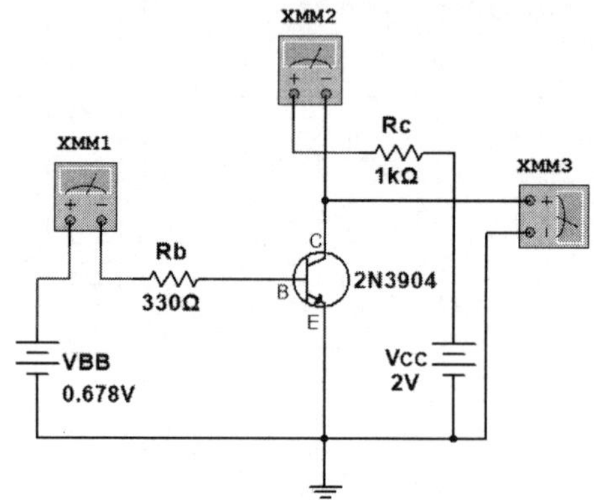

[베이스 전류(i_B)]

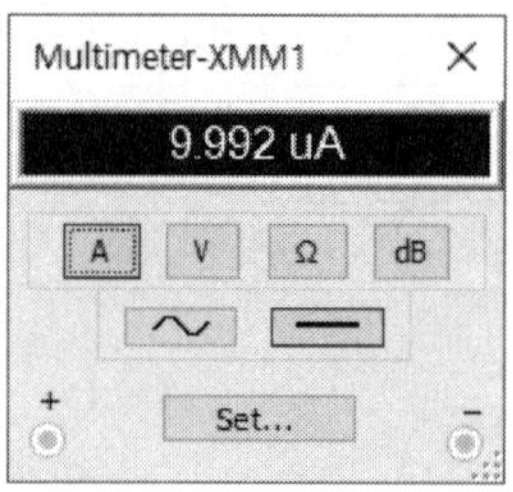

[컬렉터 전류(i_C)]

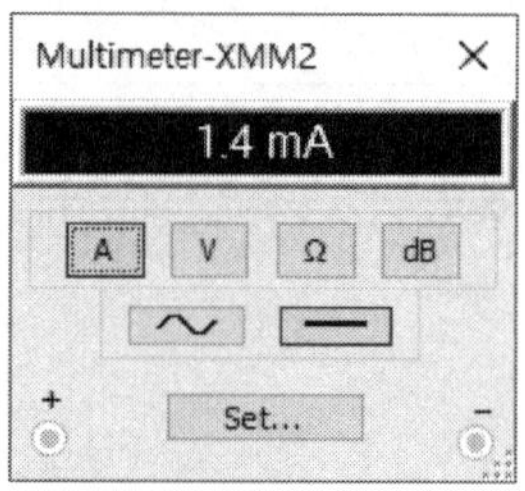

[컬렉터 전압(V_{CE})]

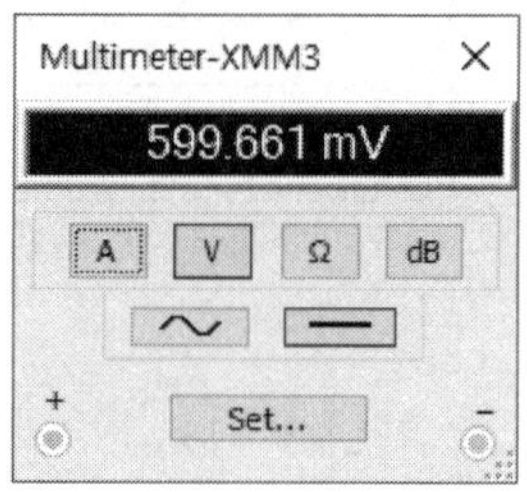

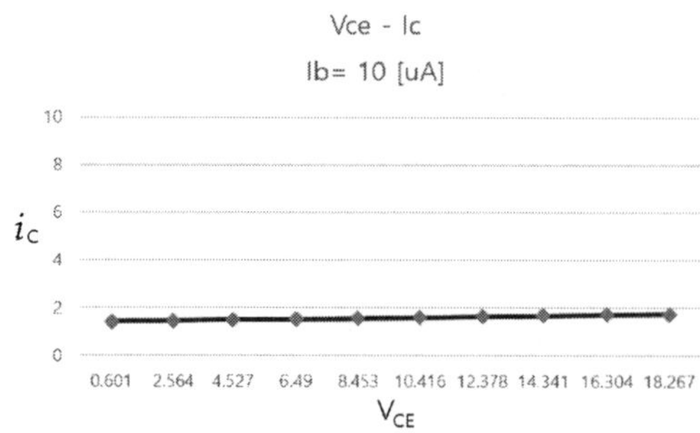

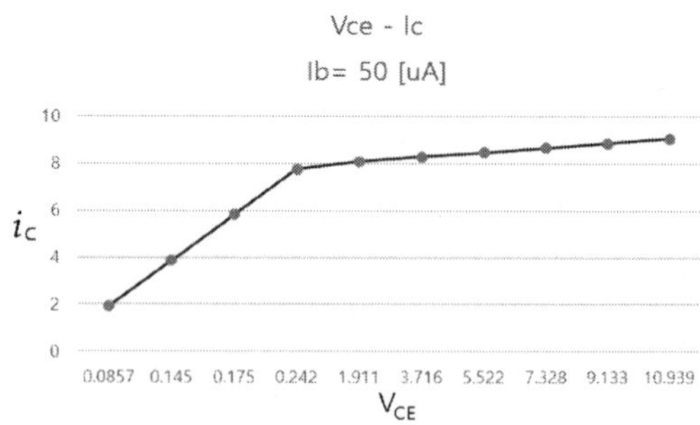

[포화점 계산 시뮬레이션]

(V_{CE}, i_C) = (47.35 mV, 9.95 mA)

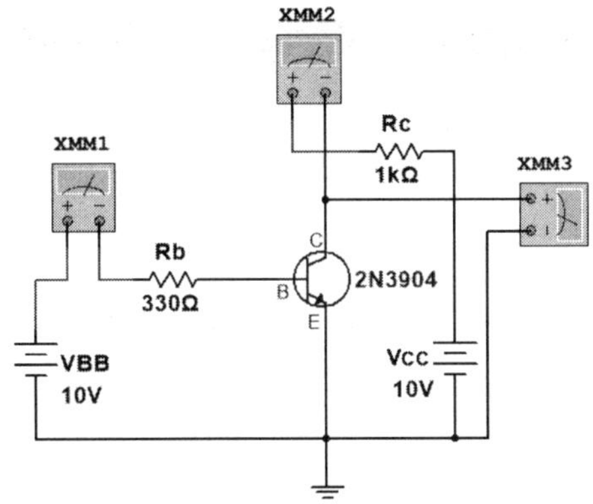

[포화점 V_{CE}]

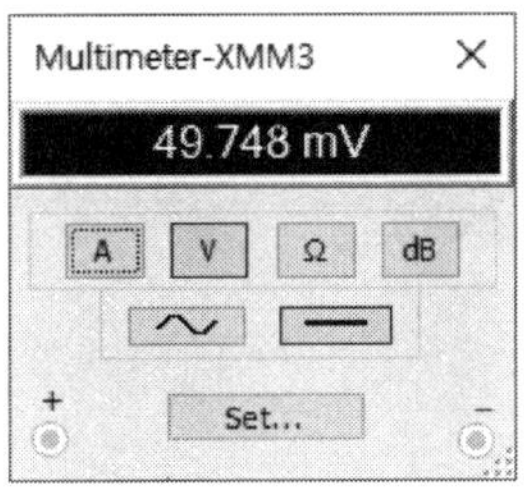

[포화점 i_C]

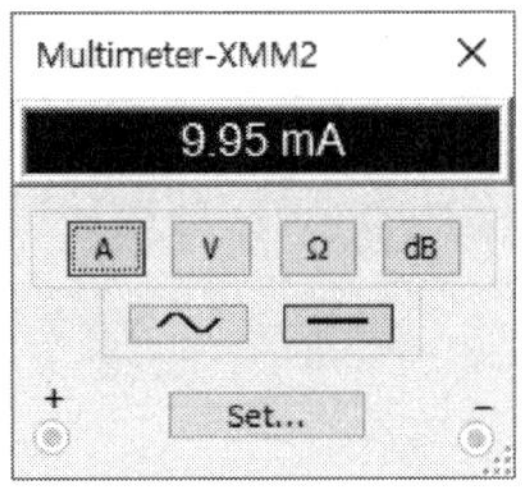

[차단점 계산 시뮬레이션]

(V_{CE}, i_C) = (9.998 V, 0 mA)

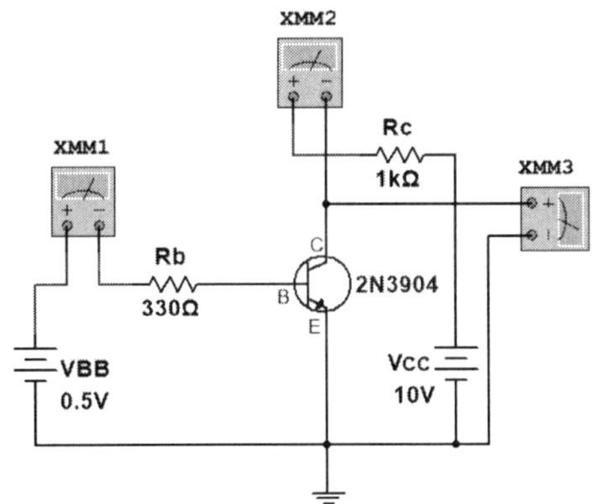

[차단점 V_{CE}]

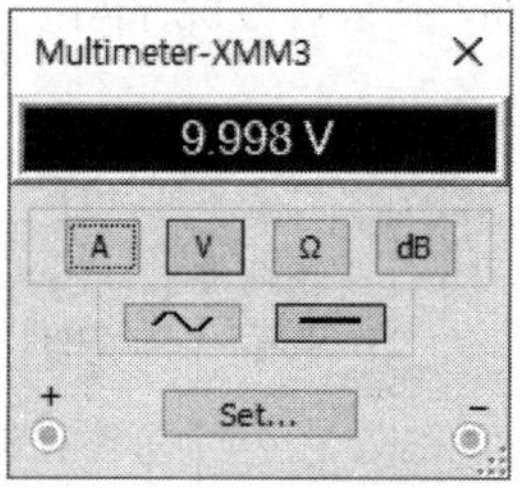

[차단점 i_C]

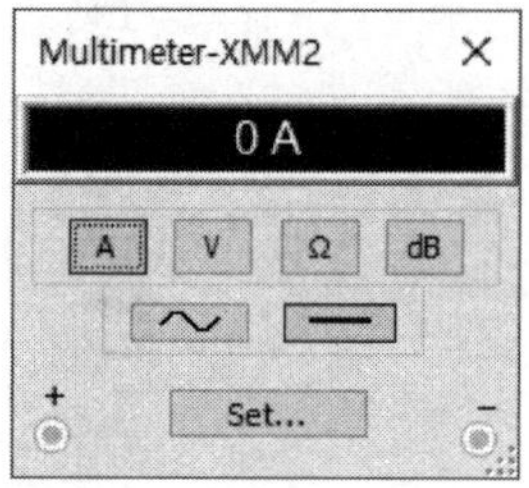

[공통 이미터 출력(컬렉터) 특성]

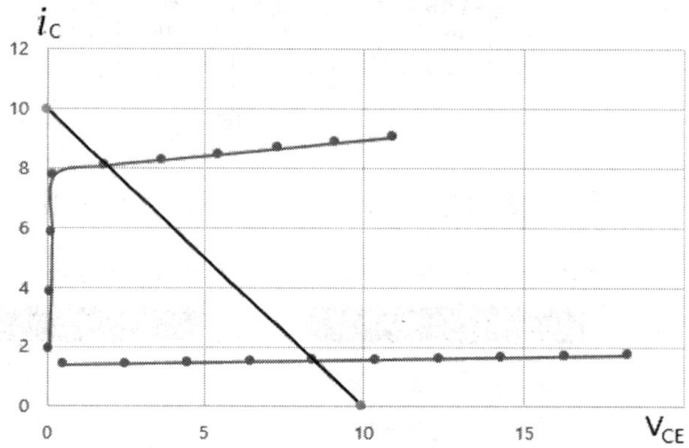

CHAPTER 12

BJT 전압분배 바이어스 회로

실험 목적

- 공통 이미터 전압분배 바이어스 회로를 구성하고 바이어스 전압과 전류를 측정하고 이론값과 비교한다.

이론

증폭회로에서 바이어스의 역할은 활성영역에서 안정적으로 동작하도록 전압과 전류를 공급하는 것이다. 회로 주변 온도, 전류 및 전류 증가에 의한 온도 상승 등으로 동작점이 변할 수 있다. 부하가 걸린 상태에서 동작점이 변하면 증폭된 신호에 왜곡이 발생해서 정상적으로 증폭된 신호를 기대하기 어렵다. 직류 바이어스 회로에는 고정 바이어스, 이미터 바이어스, 컬렉터 귀환 바이어스와 전압분배 바이어스가 있는데, 이미터 바이오스 회로에서 베이스와 접지 사이에 저항을 연결한 전압분배 바이어스 회로가 가장 안정적으로 동작한다(그림1). 그림1에서 베이스와 접지간의 전압을 다음과 같다.

$$V_B = \frac{R_2}{R_1 + R_2} V_{CC}$$

이미터와 접지 간의 전압은 다음과 같다.

$$V_E = V_B - V_{BE}$$

이미터 전류와 컬렉터 전류는 다음과 같다.

$$i_E = \frac{V_E}{R_e},\ i_C \simeq i_E \text{이다.}$$

컬렉터-이미터 전압은 다음과 같다.

$$V_{CE} = V_{CC} - V_{R_c} - V_E = V_{CC} - i_C R_c - i_E R_e \simeq V_{CC} - i_C (R_c + R_e)$$

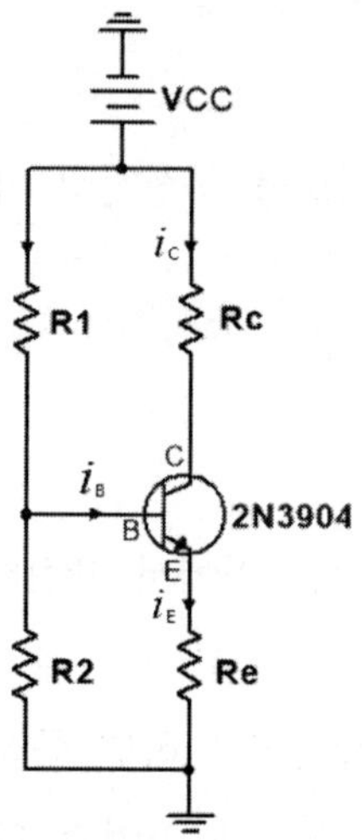

그림 1 공통 이미터 전압분배

실험

1) 부품 및 계측기

- 직류 전원공급기
- 트랜지스터(NPN: 2N3704, 3904, 2N4400, 4401 또는 등가)
- 저항 1 KΩ, 2.2 KΩ, 8.2 KΩ, 39 KΩ
- 디지털멀티미터(DMM)

2) 실험 순서

① 그림1의 회로를 구성한다($V_{CC} = 10\,V$, $R_1 = 39\,k\Omega$, $R_2 = 8.2\,k\Omega$, $R_C = 2.2\,k\Omega$, $R_e = 1\,k\Omega$).

② i_B, i_C와 V_{CE}를 측정하고 표1에 기록한다.

3) 실험 결과

[표 1]

i_B [μA]	i_C [mA]	측정			계산
		R_c [$k\Omega$]	R_e [$k\Omega$]	V_{CE} [V]	$V_{CE} \simeq V_{CC} - i_C(R_c + R_e)$

4) 검토

- V_{CE} 측정값과 계산한 값을 비교한다. 계산 시에 저항은 측정값을 사용한다.
- Multisim 활용

[시뮬레이션 회로]

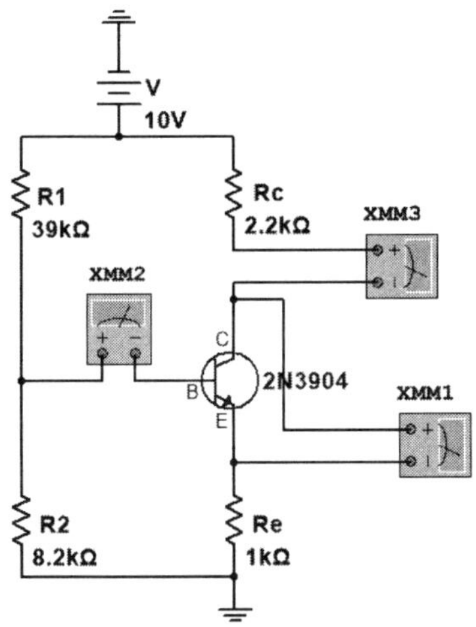

$$
\begin{aligned}
V_{CE} &\simeq V_{CC} - i_c(R_c + R_e) \\
&= 10 - 1.018mA(2.2 + 1)k\Omega \\
&= 10 - 1.018 \times 3.2 = 6.7424
\end{aligned}
$$

[베이스 전류(i_B)]

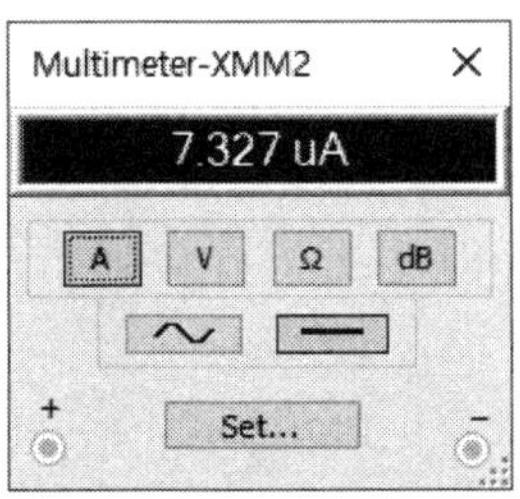

[컬렉터 전류(i_C)]

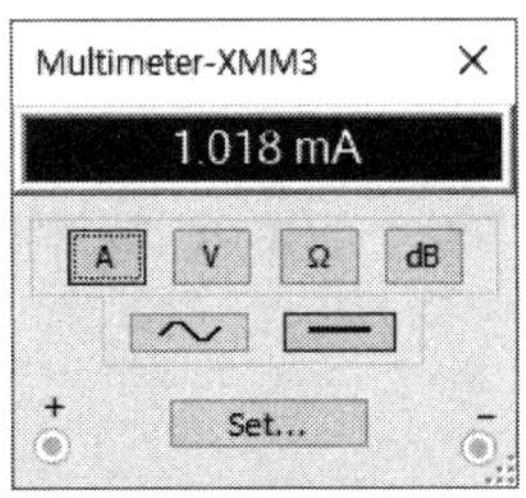

[전압(V_{CE})]

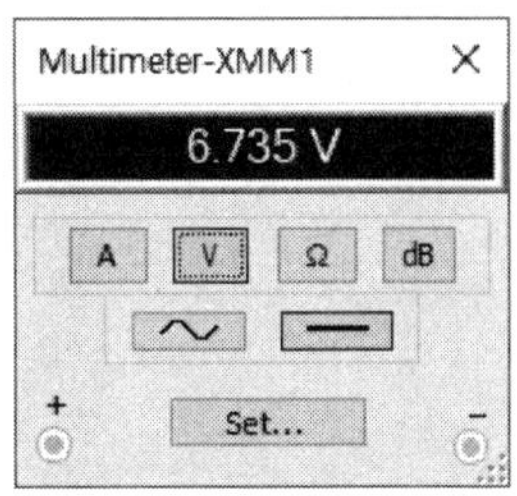

CHAPTER

13 공통 이미터 증폭기

실험 목적

• 공통 이미터 증폭기 회로를 구성하고 증폭기의 전압 이득과 입 · 출력 임피던스를 측정한다.

이론

공통 이미터 증폭기는 공통 베이스 및 공통 컬렉터 증폭기와 비교해서 입 · 출력 임피던스가 중간이고 전압과 전류 이득은 커서 BJT 증폭기 가운데 가장 많이 사용된다. 공통 이미터 전압분배 바이어스 증폭기 회로에서 입력 신호는 베이스 단자에 입력되고, 출력 신호는 컬렉터 단자에서 출력된다(그림1).

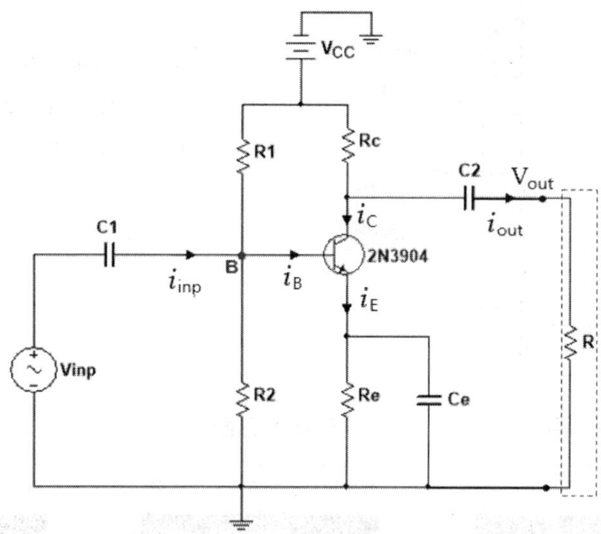

그림 1 공통 이미터 증폭기 회로

전압 이득은 다음과 같이 계산된다.

$$A_v = \frac{V_{out}}{V_{inp}} = -\frac{R_c}{r_e},\ r_e = \frac{26mV}{i_E}$$

바이패스 축전기(C_e)가 없는 경우에는 전압 이득이 다음과 같이 계산된다.

$$A_v = \frac{V_{out}}{V_{inp}} = -\frac{R_c}{r_e + R_e}$$

증폭기의 입력 임피던스(Z_i)는 B 지점과 접지사이의 전압(V_B)과 입력 신호 전류(i_{inp})의 비로 이를 측정해서 입력 임피던스를 계산할 수 있다.

$$Z_i = \frac{V_B}{i_{inp}}$$

출력 임피던스(Z_o)는 출력 신호 전압(V_{out})과 출력신호 전류(i_{out})의 비이다. 여기서 출력 신호 전압(V_{out})은 부하 저항(R)을 연결하지 않은 상태이다.

$$Z_o = \frac{V_{out}}{i_{out}}$$

이론적으로 $Z_o = R_C$로 계산한다.

그림1과 같이 부하 저항(R)을 출력에 연결하고 부하에서의 전압(V_R)을 측정해서 출력 임피던스를 계산하면 다음과 같다.

$$V_R = \frac{R}{Z_o + R} V_{out},\ Z_o = \frac{V_{out} - V_R}{V_R} R$$

오실로스코프로 출력 신호 전압을 관측하면서 파형의 왜곡이 없을 때 측정한다.

실험

1) 부품 및 계측기

- 직류 전원공급기, 함수발생기
- 트랜지스터(NPN: 2N3704, 3904, 2N4400, 4401 또는 등가)
- 저항 1 KΩ, 2.2 KΩ, 8.2 KΩ, 39 KΩ
- 축전기(커패시터) 25 μF 2개, 100 μF
- 디지털멀티미터(DMM), 오실로스코프

2) 실험 순서

① 그림2의 회로를 구성한다($R_1 = 39k\Omega$, $R_2 = 8.2k\Omega$, $R_c = 2.2k\Omega$, $R_e = 1k\Omega$이고 축전기 $C_e = 100\mu F$). 직류 전원은 $V_{CC} = 12$ V이다.

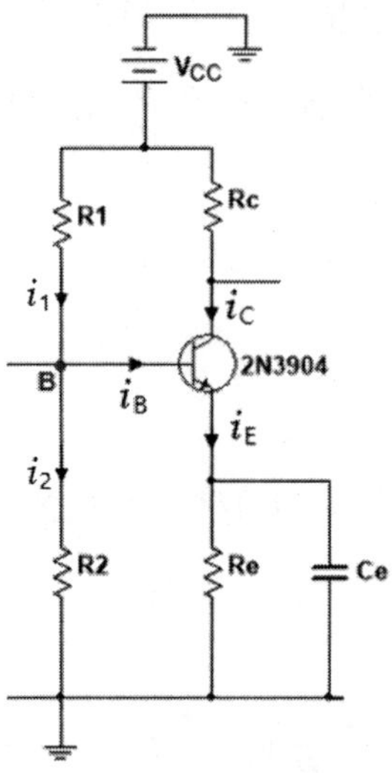

그림 2 실험 회로

② V_{R_1}과 V_{R_2} 측정해서 표1에 기록한다. 전류 $i_1 = \frac{V_{R_1}}{R_1}$($R_1$는 측정 값 사용),

$i_2 = \dfrac{V_{R_2}}{R_2}$ (R_2는 측정 값 사용) 및 $i_B = i_1 - i_2$를 계산해서 표1에 기록한다.

③ V_{R_c}와 V_{R_e}를 측정해서 표1에 기록한다. 전류 $i_{R_c} = \dfrac{V_{R_c}}{R_c}$ (R_c는 측정 값 사용) 및 $i_{R_e} = \dfrac{V_{R_e}}{R_e}$ (R_e는 측정 값 사용)를 계산해서 표1에 기록한다.

④ $\beta = \dfrac{i_C}{i_B}$와 $r_e = \dfrac{26\,mV}{i_E}$를 계산해서 표1에 기록한다.

⑤ 그림2의 회로를 그림3과 같이 완성한다($C_1 = C_2 = 25\,\mu F$).

입력 전원으로 $V_{inp} = V_{pk} \cdot \sin(2\pi ft)$, $V_{pk} = 10\,mV$, $f = 1\,kHz$인 정현파를 공급한다.

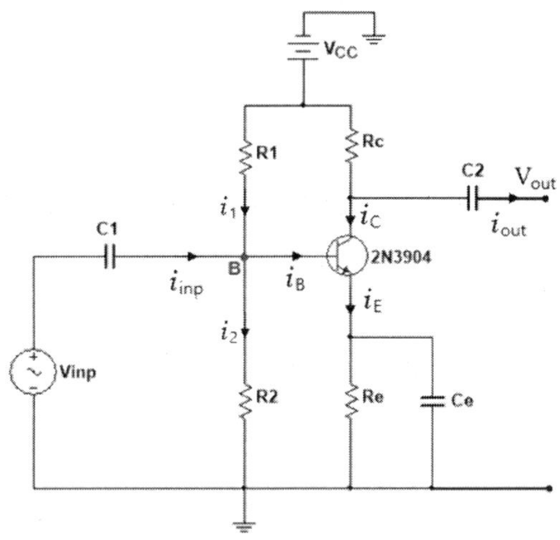

그림 3 실험 회로

(전압 이득 구하기)

⑥ 오실로스코프 CH1으로 입력 신호 전압(V_{inp})을, CH2로 출력 파형(V_{out})을 관측한다. 출력 파형이 왜곡되지 않도록 입력 전압을 조정한다. 입출력 파형을 표2에 그린다.

⑦ 입력 신호 파형(V_{inp})과 출력(V_{out}) 파형의 전압 첨두치를 측정하여 전압 이득 실험값 ($A_v = \frac{V_{out}}{V_{inp}}$)을 구하고 전압 이득 이론값($A_v = -\frac{R_c}{r_e}$)를 계산해서 표3에 기록한다.

⑧ 회로에서 축전기 C_e를 제거한다. 입력(V_{inp})과 출력(V_{out}) 파형의 전압 첨두치를 측정하여 전압 이득 실험값($A_v = \frac{V_{out}}{V_{inp}}$)를 구하고 전압 이득 이론값($A_v = -\frac{R_c}{r_e + R_e}$)를 계산해서 표3에 기록한다. 입출력 파형을 표4에 그린다.

(입력 임피던스 구하기)

⑨ 그림3의 회로와 같이 축전기 C_e를 다시 연결하고 입력 신호 전류 i_{inp}와 입력 전압 V_B(B 지점과 접지와의 전압)를 측정하고 표5에 기록한다. 입력 신호 전류는 교류 전류계로 측정한다. 입력 임피던스 $Z_i = \frac{V_B}{i_{inp}}$를 계산해서 표5에 기록한다.

(출력 임피던스 구하기)

⑩ 출력 전압 V_{out}을 측정해서 표5에 기록한다. 그림1과 같이 부하저항($R = 1\,k\Omega$)을 출력단에 연결한다. 이 저항 양단에 걸리는 전압 V_R을 측정해서 표5에 기록한다. 출력 임피던스 $Z_o = \frac{V_{out} - V_R}{V_R} \times R$를 계산해서 표5에 기록한다.

3) 실험 결과

[표 1]

전류 [mA]					계산		측정 [V]			
i_1	i_2	i_B	i_C	i_E	β	γ_e	V_{R_1}	V_{R_2}	V_{R_c}	V_{R_e}

[표 2] 입출력 파형

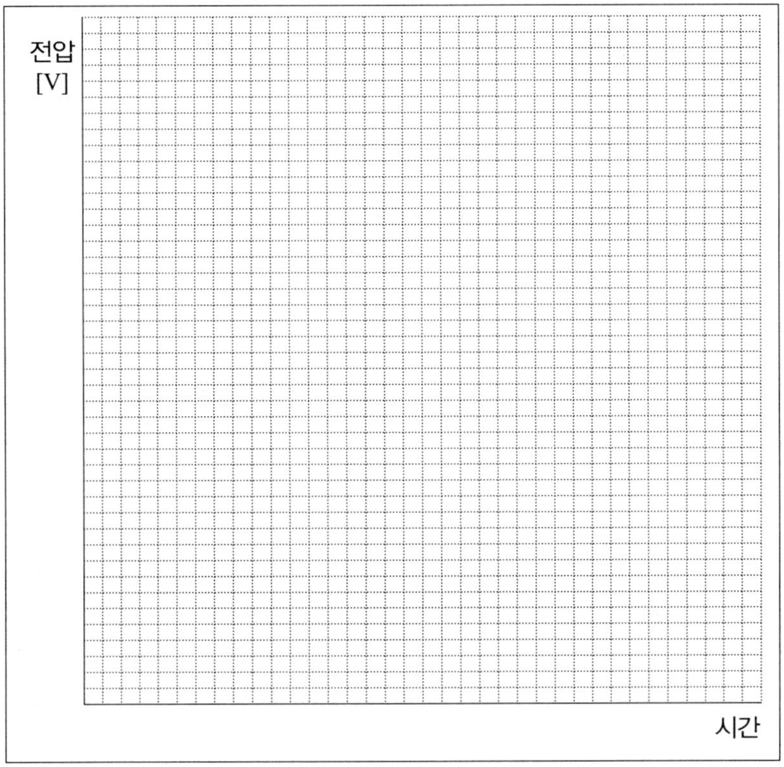

[표 3]

C_E가 있는 경우					
전압 첨두치	입력(V_{inp})		전압이득 A_v	실험값	
	출력(V_{out})			이론값	
C_E를 제거한 경우					
전압 첨두치	입력(V_{inp})		전압이득 A_v	실험값	
	출력(V_{out})			이론값	

[표 4]

C_E를 제거한 경우

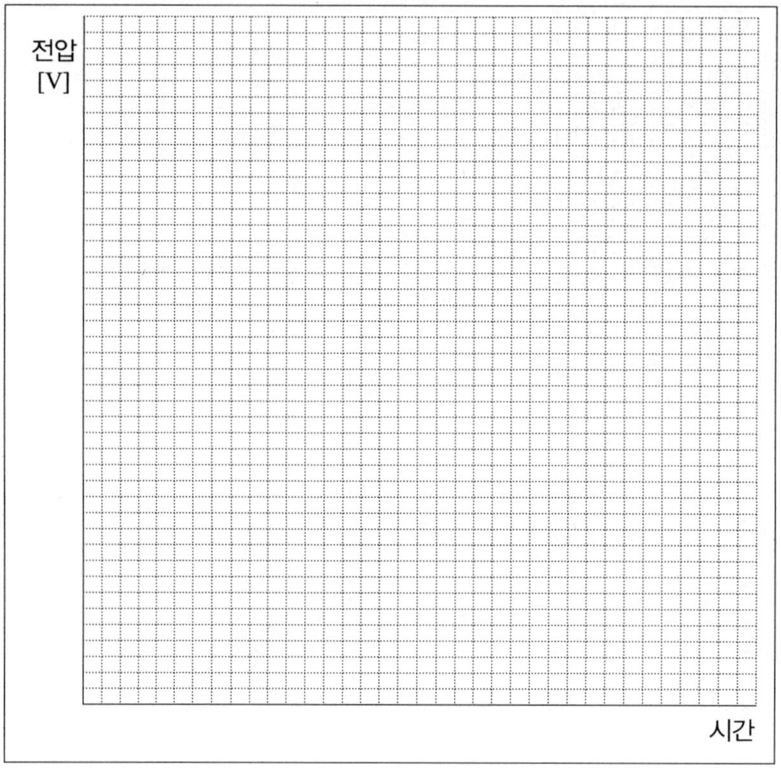

[표 5]

전류 $[mA]$	전압(V_{pk}) [V]			임피던스 $[\Omega]$	
i_{inp}	V_B	V_{out}	V_R	Z_i	Z_o

4) 검토

- 트랜지스터의 기본 원리는 베이스 전류로 컬렉터 전류를 제어하는 전류 증폭이다. 증폭된 신호가 왜곡되지 않으려면 증폭기가 활성영역에서 전류 증폭률이 선형인 구간에 있어야 한다. 이런 구간을 만드는 것이 베이스 전류(바이어스 전압)이다. 따라서 보통 증폭할 신호는 교류이지만 이것만으로 증폭이 되지 않으며, 바이어스 전압(직류 전원)이 함께 공급되어야 한다.
- 결합 축전기(커패시터)인 C_1 및 C_2는 각각 입력단과 출력단의 신호를 받아 직류를 차단하는 역할을 한다.

$$X_C = \frac{1}{2\Pi f C},\ \text{직류에서}\ f = 0,\ X_C \rightarrow \infty$$

- 이미터를 바로 접지에 연결하면 과전류의 위험이 있어서 저항 R_e를 넣는데, 저항만 넣으면 이득이 낮아진다. 큰 전류는 직류이기 때문에 직류에 대해서는 임피던스를 높여서 회로를 보호하고 교류 신호에 대해서는 임피던스를 낮추어 증폭률을 높일 필요가 있다. 이런 목적으로 바이패스 축전기(커패시터) C_e를 넣으면 교류 신호에 대해서는 병렬로 임피던스가 연결돼 이미터의 합성 임피던스를 낮추는 역할을 하고 이는 증폭률을 높인다.
- 증폭기의 입력 임피던스는 클수록, 출력 임피던스는 작을수록 좋다. 이상적인 경우 입력 임피던스는 무한대이고 출력 임피던스는 0이다. 아래 그림4.a에 보인 회로에서 증폭기가 입력 신호에 연결되면 입력 신호는 증폭기의 입력 임피던스(Z_i)를 부하로 간주한다. 마찬가지로, 증폭기는 입력 임피던스에서 입력 신호를 V_i로 간주한다. 이를 전압 분배 회로로 모델링하면 그림4.b와 같고 여기서 V_i는 다음과 같이 계산된다. 입력 임피던스가 클수록 V_i은 입력 신호(V_S)에 근접하다.

$$V_i = V_S \times \frac{Z_i}{R_S + Z_i}$$

• 출력 임피던스(Z_o)의 전압 분배 모델은 그림4.c와 같고, 여기서 부하에 걸린 전압(V_R)은 다음과 같이 계산된다. 출력 임피던스가 작을수록 V_R은 V_{out}에 근접한다.

$$V_R = V_{out} \times \frac{R}{Z_o + R}$$

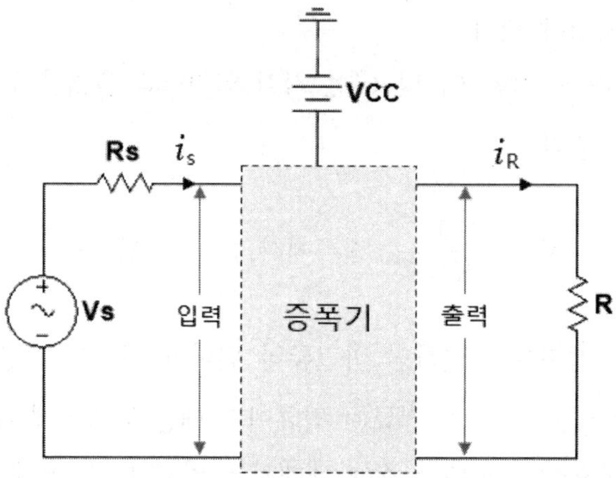

V_S : 입력 신호 전압, R_S : 입력 신호 내부저항, R : 부하저항

(a) 증폭 회로

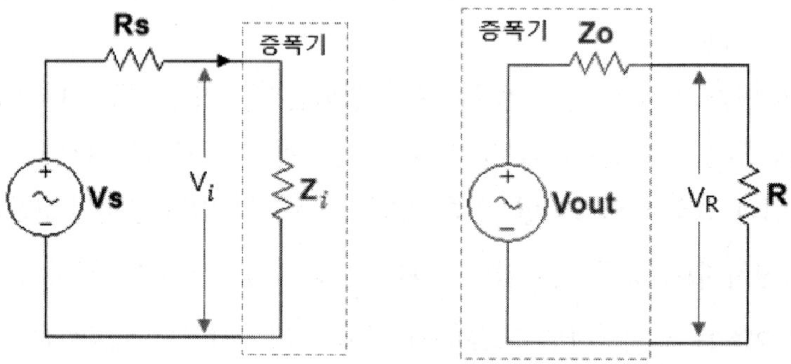

(b) 입력 임피던스 모델 (c) 출력 임피던스 모델

그림 4 증폭기 입출력 임피던스 모델

• Multisim 활용

[시뮬레이션 회로]

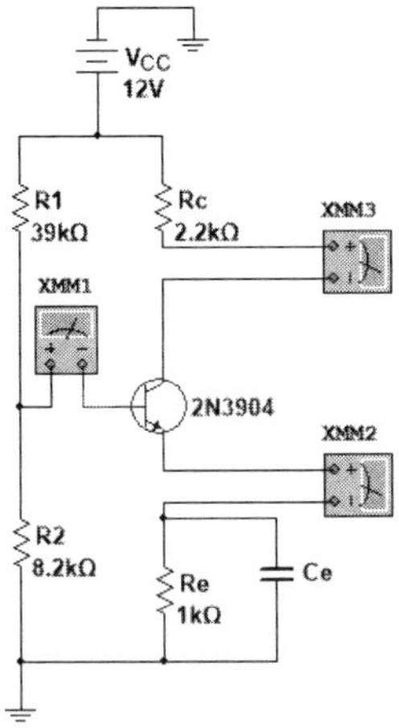

$$\beta = \frac{i_C}{i_B} = \frac{1.345}{9.326} \times 10^3$$
$$\simeq 144.2$$
$$r_e = \frac{26\,mV}{i_E} = \frac{26}{1.353}$$
$$\simeq 19.2$$

[전류 i_B]

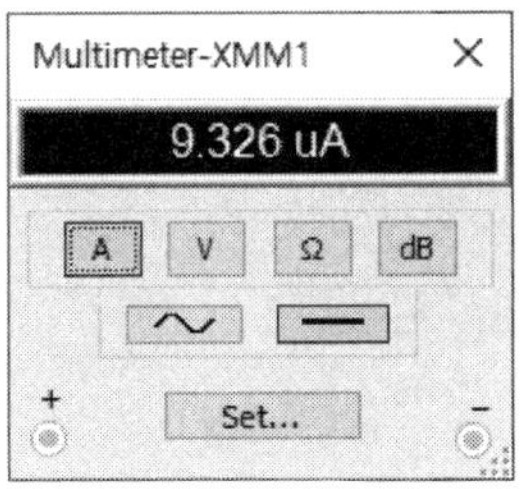

[전류 i_C]

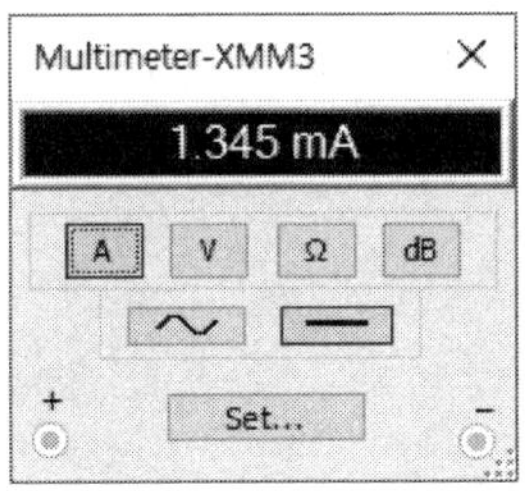

[전류 i_E]

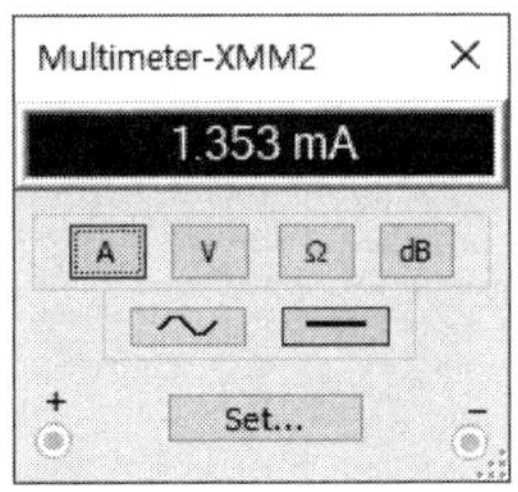

[시뮬레이션 회로]

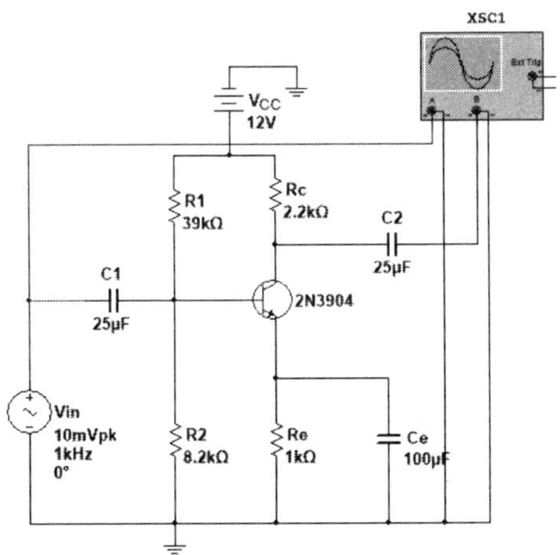

전압 이득 $A_v = \frac{V_{out}}{V_{inp}}$

$$A_v = \frac{1\ V}{10\ m\ V} = 100$$

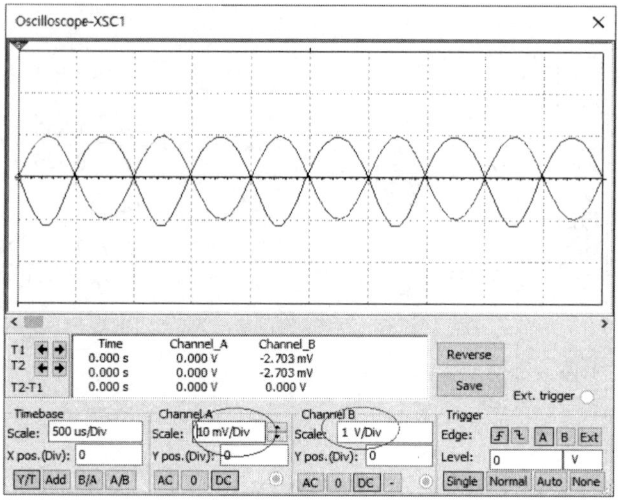

[시뮬레이션 회로]

(C_e를 제거했을 때 전압 이득)

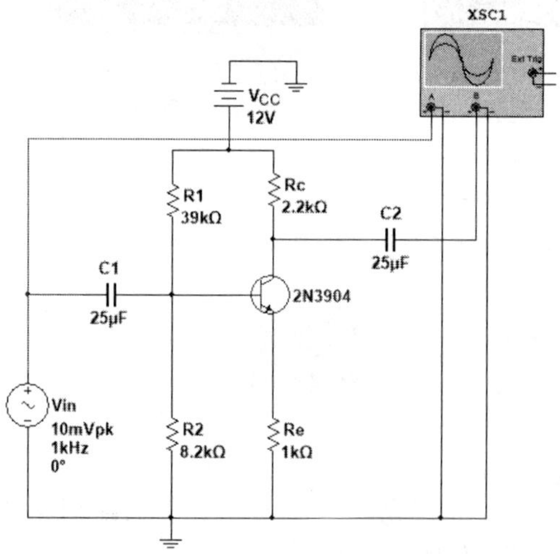

$$A_v = \frac{20\,mV}{10\,mV} = 2$$

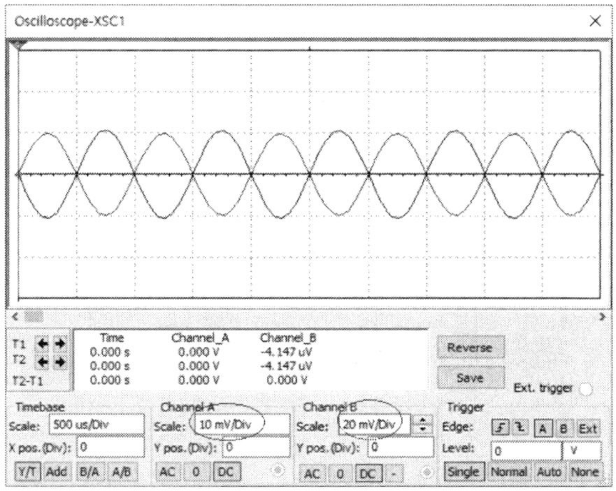

[입력 임피던스 계산 시뮬레이션 회로]

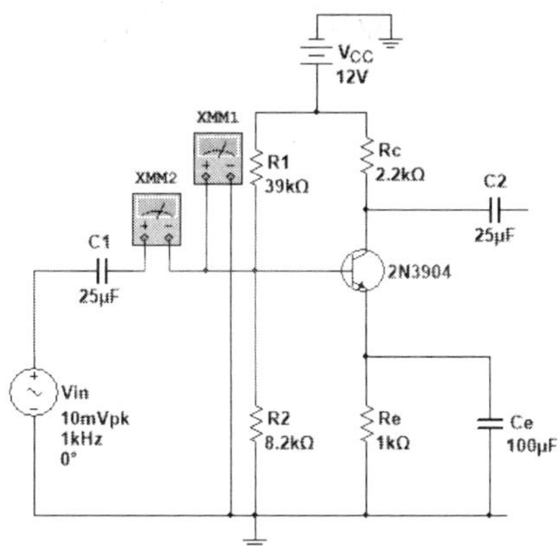

$$Z_i = \frac{V_B}{i_{inp}} = \frac{2.024}{3.136} \times 10^6$$

[입력 신호 전류(i_{inp})]

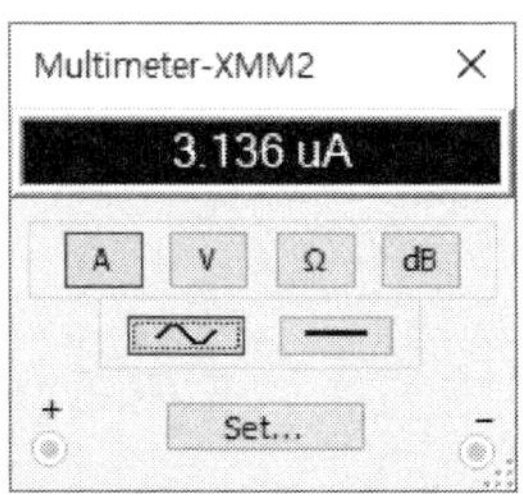

[입력 신호 전압(V_B)]

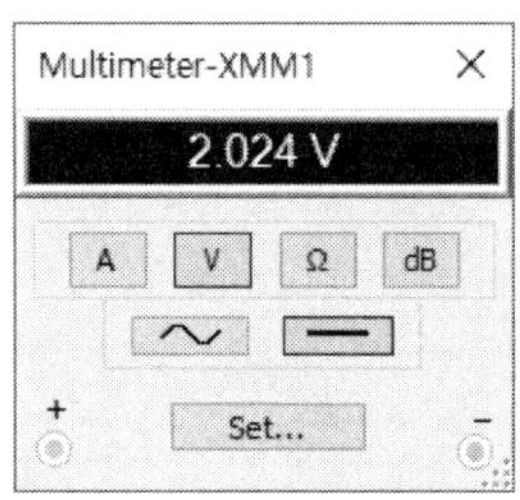

[시뮬레이션 회로]

V_{out} 측정

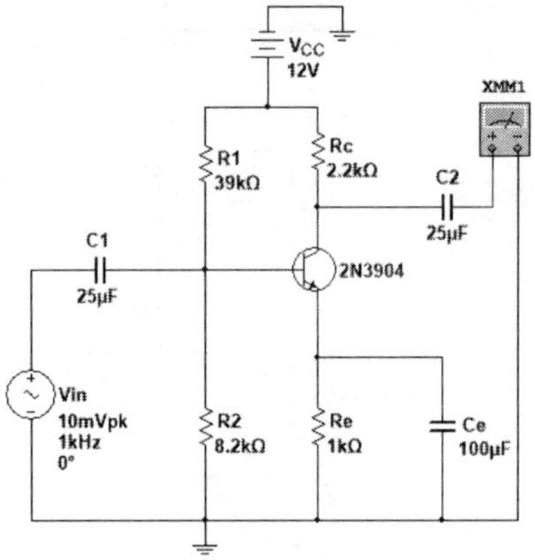

V_R 측정

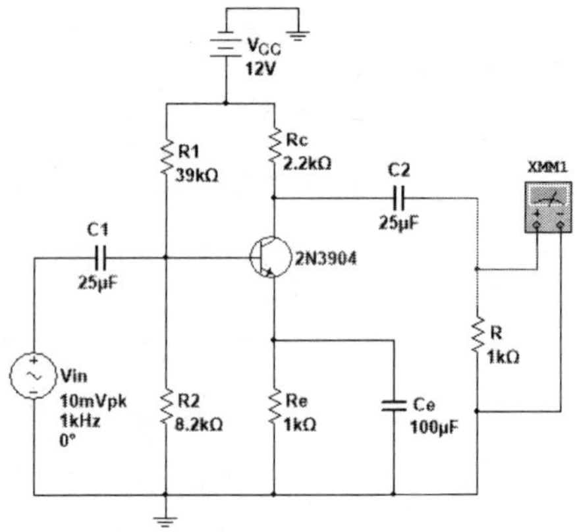

[출력 전압 V_{out}]

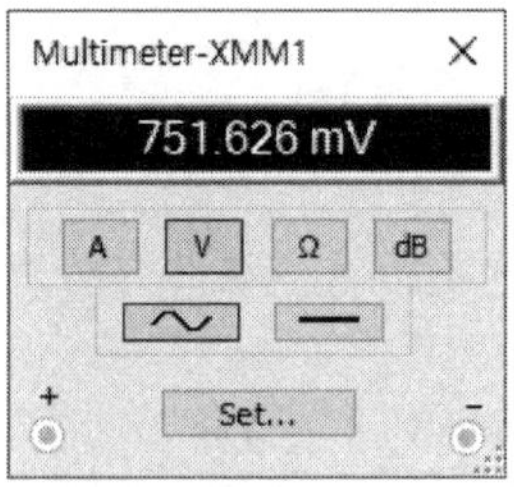

[부하 전압 V_R]

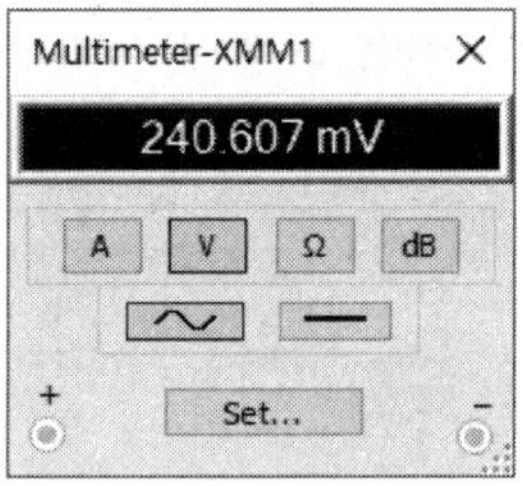

$$Z_o = \frac{V_{out} - V_R}{V_R} \times R = \frac{(751.6 - 240.6)}{240.6} \times 10^3$$

CHAPTER

14 연산 증폭기

실험 목적

- 연산증폭기(OP-amp, Operational amplifier)의 기본 동작원리를 배우고 실험을 통해 출력 파형과 전압이득을 구한다.

이론

연산증폭기는 차동증폭기의 역할을 한다. 두 입력 단자 전압의 차이를 증폭해서 출력 전압을 생성한다. 연산증폭기는 오늘날 가장 널리 쓰이는 전자 부품 중의 하나로, 소비자 디바이스, 산업용 디바이스, 공학용 디바이스로 다양하게 쓰인다. 연산증폭기는 입력 단자로 비반전입력($V+$, Non-inverted input)과 반전 입력($V-$, Inverted input)을 가진다. 차동증폭기라는 말은 반전입력과 비반전입력의 전압 차에 개방 전압이득(A: 개루프 이득)을 곱한 크기를 출력한다. 대표적인 연산증폭기인 741은 그림1과 같은 핀 배치를 갖는다.

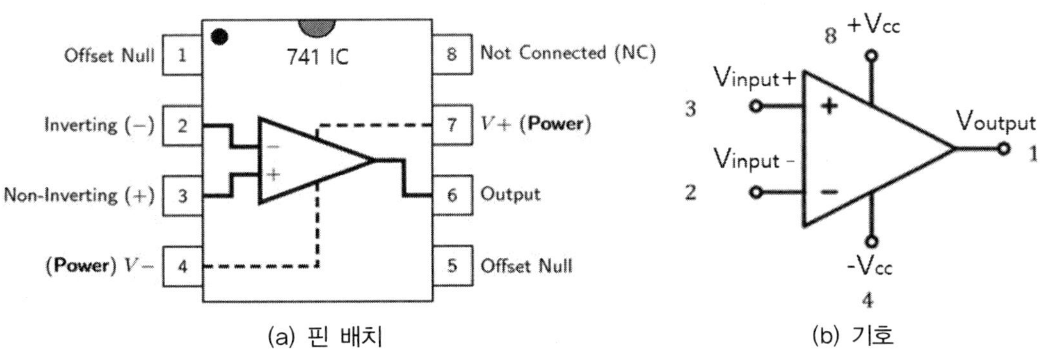

그림 1 연산증폭기(741)

1) 반전 증폭기

반전 증폭기는 그림2와 같이 저항(R_i)이 반전 입력단자에 연결된다. 출력신호는 입력신호에 대해 위상이 180° 반전되고 전압 이득은 1보다 크거나 작게 할 수 있다. 반전 증폭기의 출력전압은 다음과 같은 식으로 계산된다. R_f가 커지면 출력전압도 커지나 연산증폭기에 공급하는 직류 전압 V_{CC}에서 포화된다.

$$V_o = -\frac{R_f}{R_i} V_i$$

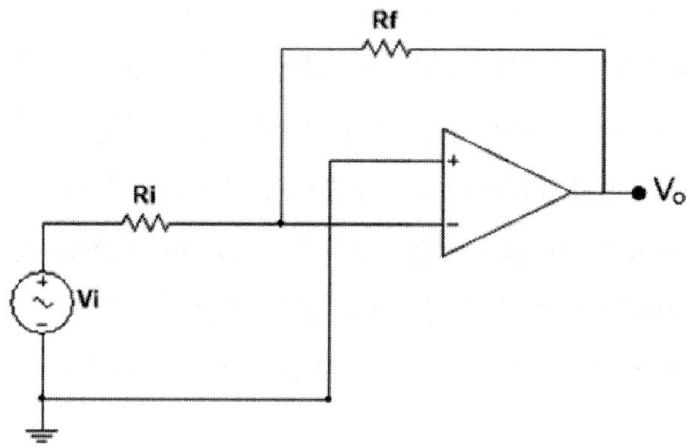

그림 2 반전 연산증폭기

2) 비반전 증폭기

비반전 증폭기는 그림3과 같이 반전 입력단자와 접지 사이에 저항(R_i)이 연결된다. 출력신호는 입력신호와 위상이 같다. 비반전 증폭기의 출력전압은 다음과 같은 식으로 계산된다. R_f가 커지면 출력전압도 커지나 연산증폭기에 공급하는 직류 전압 V_{CC}에서 포화된다.

$$V_o = \left(1 + \frac{R_f}{R_i}\right) V_i$$

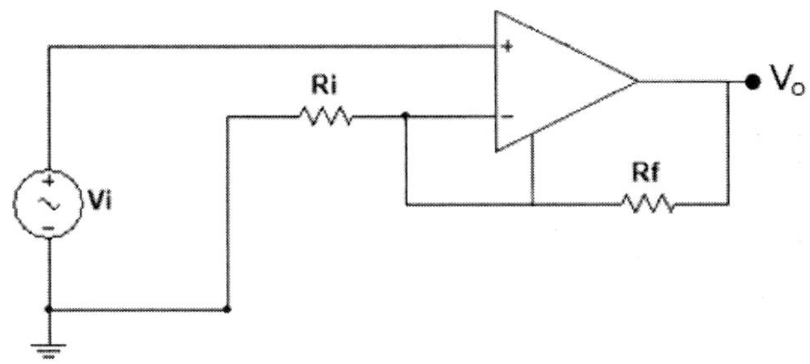

그림 3 비반전 연산증폭기

3) 가산기 증폭기

가산기 증폭기는 그림4와 같으며 출력전압은 다음 식으로 계산된다.

$$V_o = -\left(\frac{R_f}{R_{i1}}V_{i1} + \frac{R_f}{R_{i2}}V_{i2} + \frac{R_f}{R_{i3}}V_{i3}\right)$$

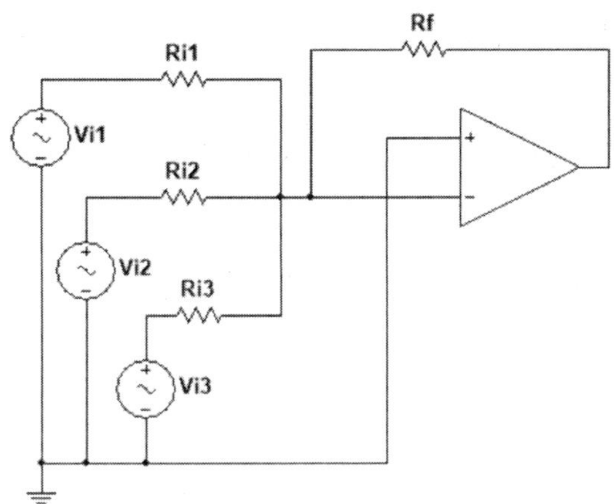

그림 4 가산기 연산증폭기

실험

1) 부품 및 계측기

- 직류 전원공급기, 함수발생기
- 741 연산증폭기 IC
- 저항 10 KΩ 2개, 30 KΩ
- 오실로스코프

2) 실험 순서

(1) 반전 증폭기

① 그림5의 반전 증폭기 회로를 구성한다($R_i = 10\,k\Omega$, $R_f = 30\,k\Omega$, 직류 전원 $+V_{CC} = 9\ V$, $-V_{CC} = -10\ V$).

② 함수발생기의 출력이 $V_{pk} = 1\ V$이고 $f = 1\,kHz$인 정현파를 입력 전원으로 인가한다.

③ 오실로스코프 CH1에 입력(V_i)을, CH2에 출력 파형(V_o)을 관측하고 이를 표1에 그린다.

④ 출력전압 첨두치를 측정한 후 전압이득 실험값과 이론값을 계산해서 표2에 기록한다.

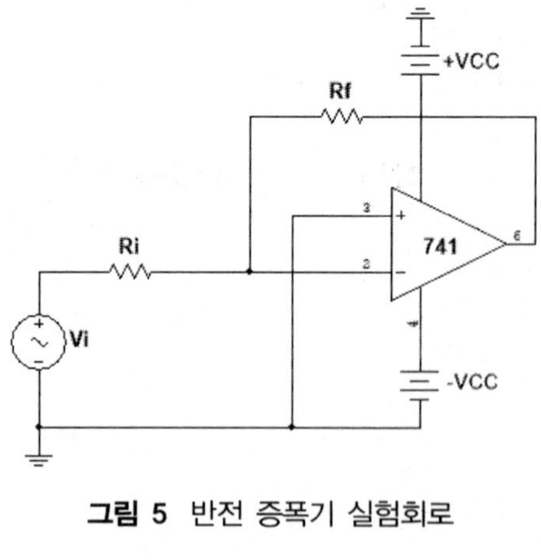

그림 5 반전 증폭기 실험회로

(2) 비반전 증폭기

① 그림6의 비반전 증폭기 회로를 구성한다($R_i = 10\,k\Omega$, $R_f = 30\,k\Omega$, 직류 전원 $+V_{CC} = 9\,V$, $-V_{CC} = -10\,V$).

② 함수발생기의 출력이 $V_{pk} = 1\,V$이고 $f = 1\,kHz$인 정현파를 입력 전원으로 인가한다.

③ 오실로스코프 CH1에 입력(V_i)을, CH2에 출력 파형(V_o)을 관측하고 이를 표3에 그린다.

④ 출력전압 첨두치를 측정하고 전압이득을 계산해서 전압이득 이론값과 함께 표4에 기록한다.

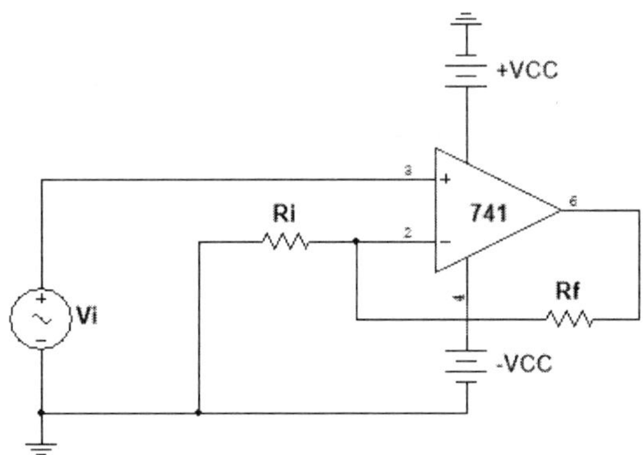

그림 6 비반전 증폭기 실험회로

(3) 가산기 증폭기

① 그림7의 가산기 증폭기 회로를 구성한다($R_{i1} = 10\,k\Omega$, $R_{i2} = 10\,k\Omega$, $R_f = 30\,k\Omega$, 직류 전원 $+V_{CC} = 9\,V$, $-V_{CC} = -10\,V$).

② 함수발생기의 출력이 $V_{pk} = 1\,V$이고 $f = 1\,kHz$인 정현파를 입력 전원으로 인가한다.

③ 오실로스코프 CH1에 입력(V_i)을, CH2에 출력 파형(V_o)을 관측하고 이를 표5에 그린다.

④ 출력전압 첨두치를 측정하고 전압이득을 계산해서 전압이득 이론값과 함께 표6에 기록한다.

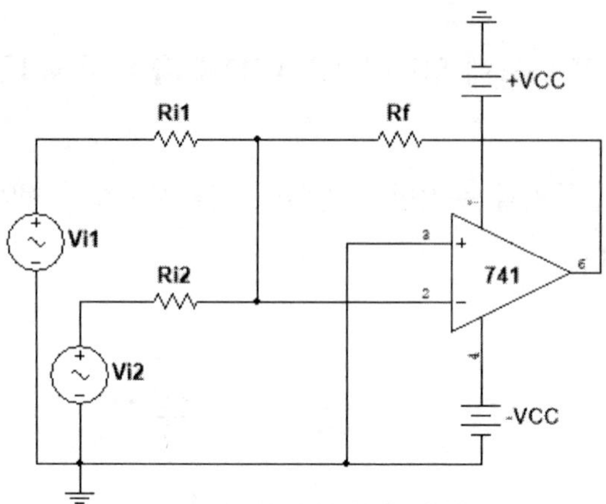

그림 7 가산기 증폭기 실험회로

3) 실험 결과

[표 1]

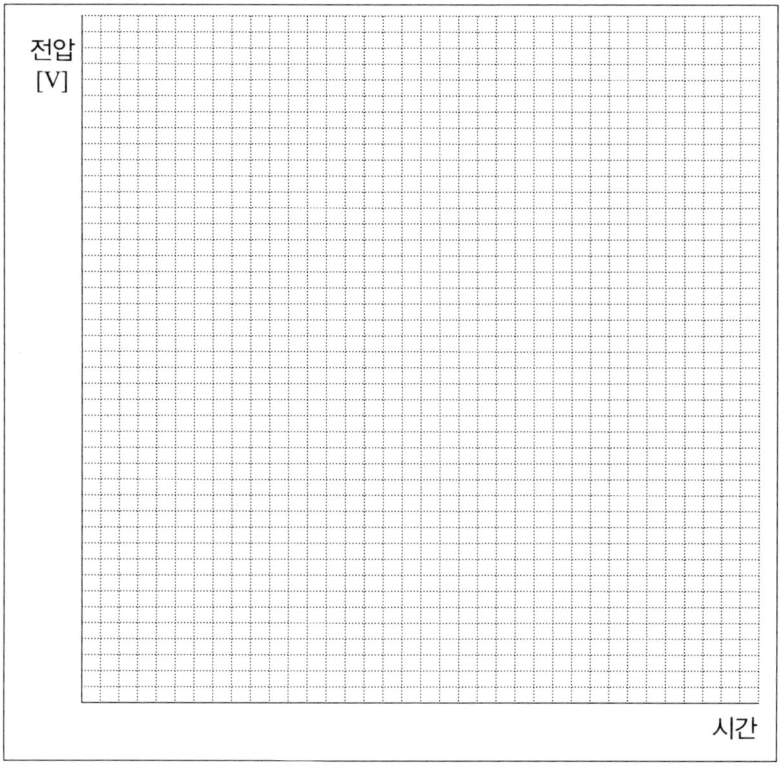

[표 2]

$V_{o(pk)}$ [V]		전압이득 $A_v = \frac{V_{o(pk)}}{V_{i(pk)}}$	
측정값	이론값 $V_{o(pk)} = -\frac{R_f}{R_i} V_i$	실험값	이론값

[표 3]

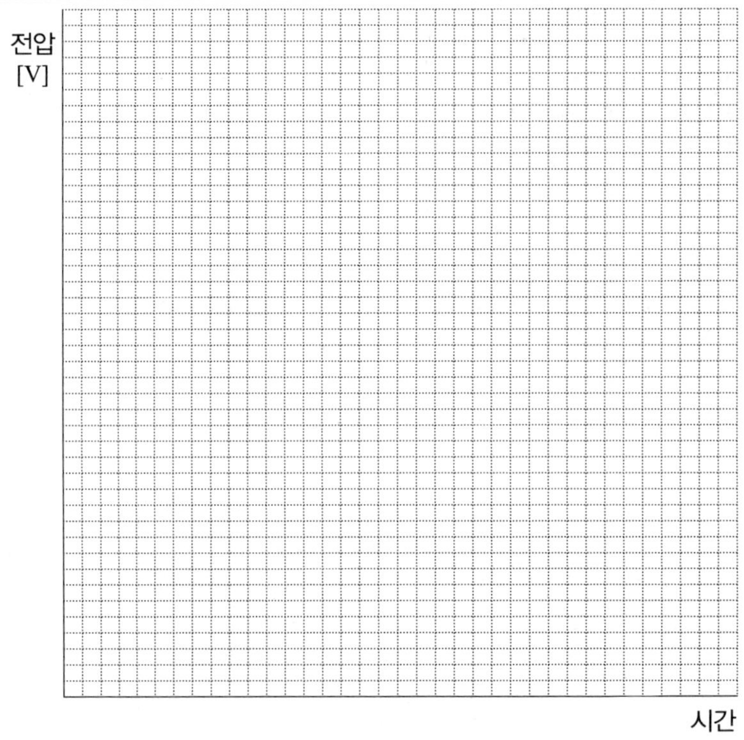

[표 4]

$V_{o(pk)}$ [V]		전압이득 $A_v = \dfrac{V_{o(pk)}}{V_{i(pk)}}$	
측정값	이론값 $V_{o(pk)} = \left(1 + \dfrac{R_f}{R_i}\right) V_i$	실험값	이론값

[표 5]

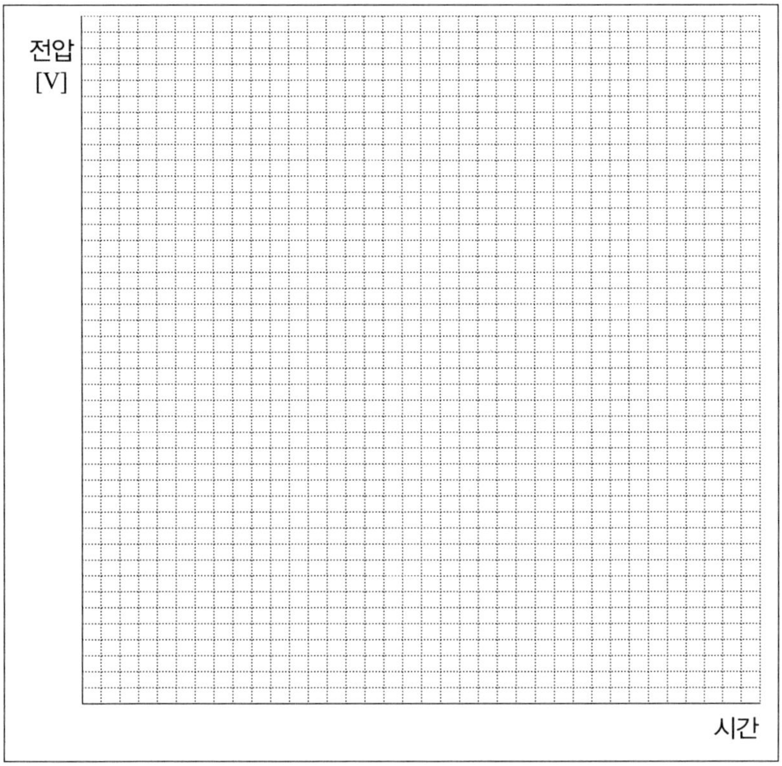

[표 6]

$V_{o(pk)}$ [V]		전압이득 $A_v = \dfrac{V_{o(pk)}}{V_{i(pk)}}$	
측정값	**이론값** $V_{o(pk)} = -\left(\dfrac{R_f}{R_{i1}} V_{i1} + \dfrac{R_f}{R_{i2}} V_{i2}\right)$	**실험값**	**이론값**

4) 검토

- 연산증폭기의 개루프 전압이득과 입력 임피던스는 매우 높고 출력 임피던스는 매우 낮다.
- 폐루프 연산증폭기는 전압이득, 입력 임피던스와 출력 임피던스를 원하는 값으로 조절할 수 있다.
- Multisim 활용

[반전 증폭기 시뮬레이션 회로]

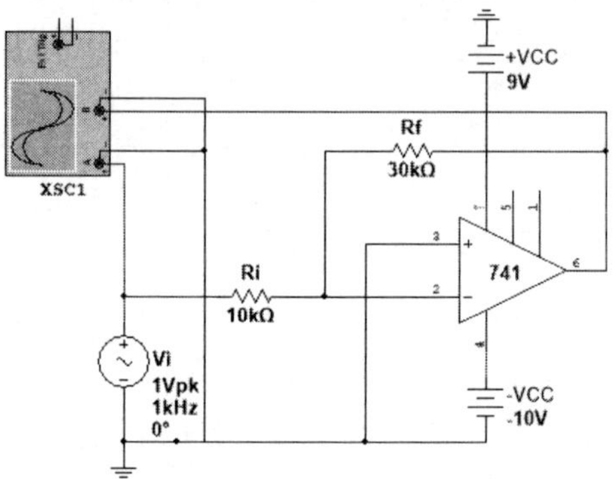

$$A_v = \frac{V_{o(pk)}}{V_{i(pk)}} = -\frac{3}{1} = -3$$

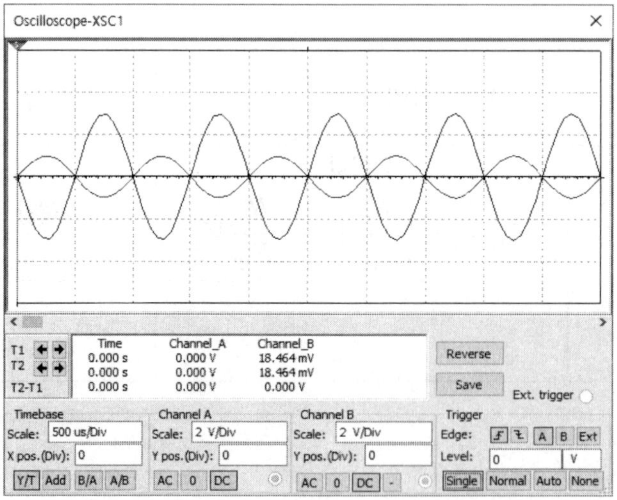

[비반전 증폭기 시뮬레이션 회로]

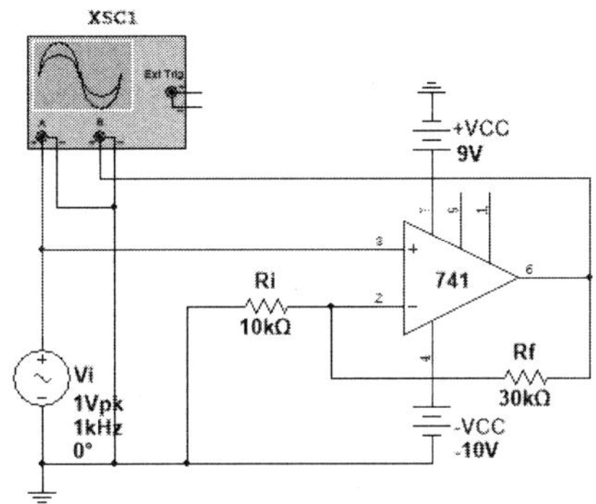

$$A_v = \frac{V_{o(pk)}}{V_{i(pk)}} = \frac{4}{1} = 4$$

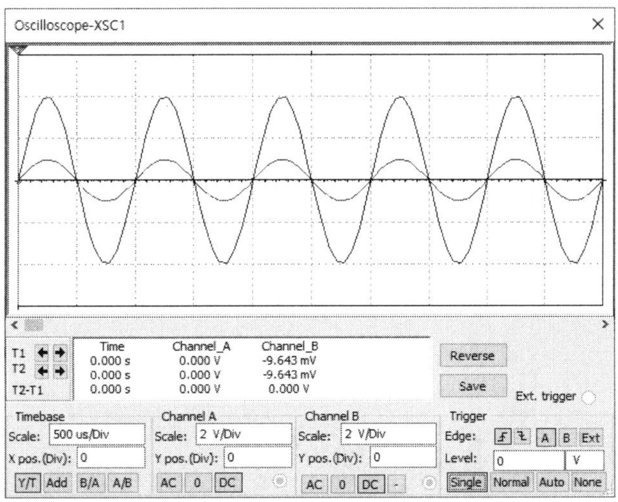

[가산기 증폭기 시뮬레이션 회로]

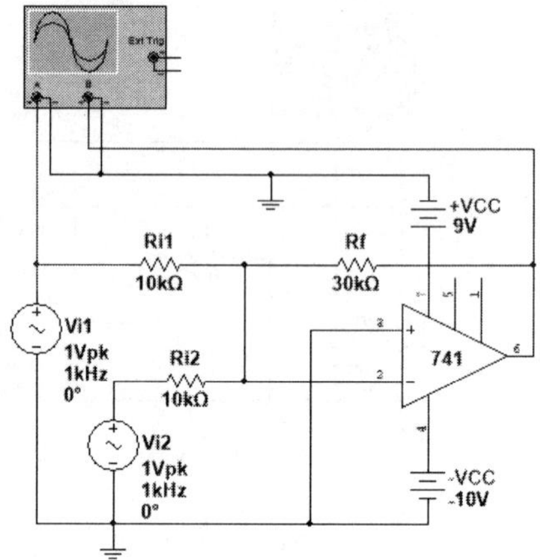

$$A_v = \frac{V_{o(pk)}}{V_{i(pk)}} = -\frac{6}{1} = -6$$

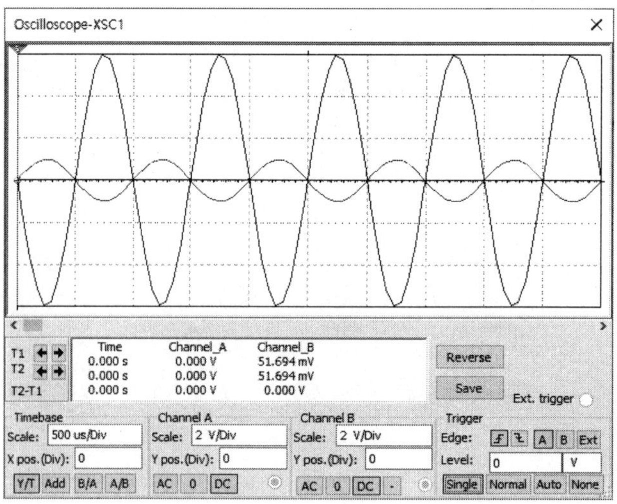

CHAPTER

15 JFET, MOSFET 소개

BJT(Bipolar Junction Transistor)는 p형과 n형 반도체 두 개를 접합시켜 만든 트랜지스터로 베이스, 컬렉터와 이미터로 구성되어 있음을 앞에서 배웠다. BJT는 전류에 의해 제어된다. 베이스와 이미터의 전류에 의해 이미터의 캐리어(정공, 전자)가 베이스로 이동하는데 상대적으로 높은 전압이 걸리는 컬렉터로 많은 전자가 이동해서 결과적으로 컬렉터에서 이미터로 전류가 흐른다.

JFET(Junction Field Effect Transistor)는 접합 전계효과를 이용하는 트랜지스터이다. JFET의 동작은 입력 게이트 전극에 인가된 전압에 의해 생성된 전계에 의존하기 때문에 전계효과 트랜지스터를 전압 제어 장치라 한다. JFET는 그림1 및 그림2에 보인 것과 같이 단극의 3개 단자로 이뤄진 반도체 소자로 BJT와 매우 유사한 특성을 갖고 있어서, 대부분의 전자회로 응용 분야에서 BJT를 대체해 사용할 수 있다. JFET는 동급의 BJT 보다 작게 만들 수 있고 소비 전력과 전력 손실이 작아 CMOS 디지털 논리 집적회로에 사용된다.

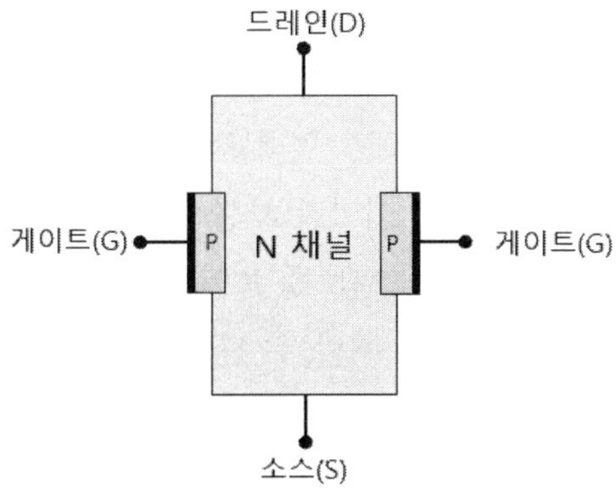

(a) 구성

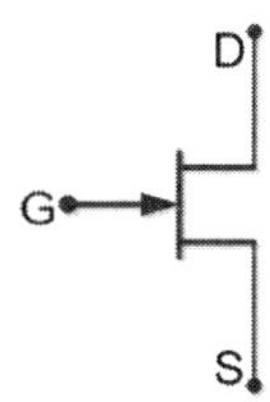

(b) 기호

그림 1 N-채널 JFET의 구성 및 기호

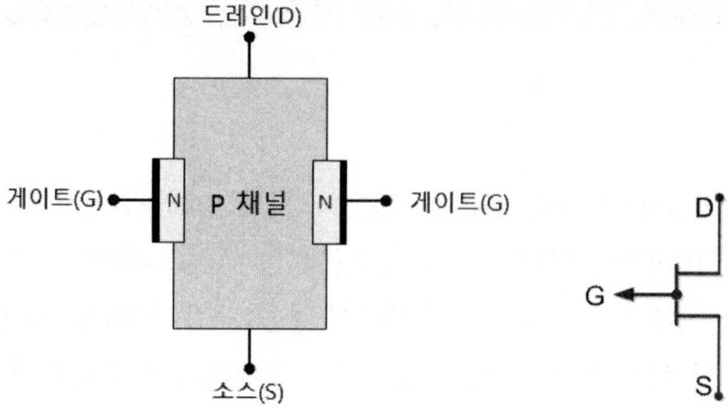

(a) 구성 (b) 기호

그림 2 P-채널 JFET의 구성 및 기호

BJT에서 npn 및 pnp 형이 있는 것처럼 JFET도 N-채널과 P-채널 FET가 있다. 전계효과 트랜지스터는 드레인과 소스 단자 사이가 주된 전류 전달 경로이며 이를 채널이라 한다. 이 채널은 BJT와 달리 pn 접합이 아닌 p 또는 n형의 3 단자 장치이다. 이들 단자는 각각 BJT의 컬렉터와 이미터의 기능에 대응된다(그림3). 이 채널에 흐르는 전류는 게이트 단자에 인가된 전압의 변화로 제어된다. BJT에서 B(Bipolar)는 두 종류의 전하 캐리어인 정공과 전자와 함께 동작하기 때문에 두 개의 극을 의미하는 반면에 JFET는 전자 캐리어에 의한 N-채널과 정공 캐리어인 P-채널의 단극 장치이다. JFET는 BJT에 비해 입력 임피던스가 매우 높은(수 $K\Omega \sim M\Omega$) 이점이 있다. 입력 임피던스가 높으면 입력 전압 신호에 매우 민감하지만 정전기에 의해 쉽게 손상될 수도 있다. BJT에서는 이미터와 컬렉터 단자 사이의 주 전류 운반 경로에 2 개의 pn 접합을 사용하지만, 그림1과 그림2에 보인 것처럼 JFET는 pn 접합 대신 다수 캐리어만이 흐르는 N형 또는 P형 실리콘의 채널(주 전류 운반 경로)을 형성한다. 채널의 양쪽 끝은 드레인과 소스에 연결된다. N-채널 JFET는 채널이 도너(donor) 불순물로 도핑된다. 도너는 15족으로 최외각 전자가 5개이다. 도너가 투입되면 최외각 전자 중 4개는 주변 실리콘 원자의 최외각 전자들과 공유결합을 하고 나머지 하나는 자유전자가 된다. 따라서 N-채널은 전자가 채널의 전류 흐름을 형성한다. P-채널 JFET는 채널이 어셉터(acceptor) 불순물로 도핑된다. 어셉터는 13족으로 최외각 전자가 3개이다. 어셉터가 투입되면 주변의 실리콘 원자의 최외곽 전자들과 공유결합을 하는데 하나의 공백이 생긴다. 이를 홀(hole: 정공)이라 하며 어셉터 원자 하나당 하나의 홀이 발생한다. 따라서 P-채널은 정공이 채널의 전류 흐름을 형성한다. 전자가 정공에 비해 도체에서 이동성이 더 크기 때문에 N-채널 JFET가 동등한 P-채널 보다 더 큰 채널 전도성(낮은 저항)을 가지므로 더 효율적이다. 채널의 양쪽 끝에 드레인과 소스라는 단자 이외에 게이트 단자가 연결되어 있으며 이는 p형 또는 n형 재료로 이루어져 주 채널과 pn접합을 형성한다. JFET와 BJT의 연결 단자를 비교하면 그림3과 같다.

BJT	JFET
이미터(E)	소스(S)
베이스(B)	게이트(G)
컬렉터(C)	드레인(D)

그림 3 BJT와 JFET의 단자 비교

JFET의 채널은 전압에 의해 전류가 흐르는 저항성 경로이므로 어느 방향으로도 전류가 동일하게 잘 흐를 수 있다. 채널이 본질적으로 저항성이기 때문에, 드레인 단자에서 소스 단자로 갈수록 이 전압은 양의 값을 갖고 채널의 길이를 따라 전압 기울기가 형성된다. 이는 결과적으로 pn 접합은 드레인 단자에서 높은 역방향 바이어스를, 소스 단자에서 낮은 역방향 바이어스를 갖는다. 이 바이어스로 채널에 고갈층이 형성되고 그 폭이 바이어스에 따라 증가한다. 드레인과 소스 단자 사이의 채널을 통해 흐르는 전류의 크기는 게이트 단자에 인가된 역방향 전압에 의해 제어된다. N-채널 JFET에서 이 역방향 게이트 전압은 음이고 P-채널 JFET의 경우에는 역방향 게이트 전압이 양이다. JFET 접합은 역방향 바이어스일 때 게이트 전류가 0이 되지만 BJT는 항상 0보다 큰 값을 갖는다.

전계효과 트랜지스터에는 접합 전계효과 트랜지스터(JFET)와 금속 산화물 반도체 전계효과 트랜지스터(MOSFET: Metal Oxide FET)라는 유형이 있다. MOSFET(Metal Oxide FET)은 FET의 게이트에 절연체인 산화물을 추가한 것으로 IGFET(Insulated Gate FET)라고도 한다. 절연체는 절연체 게이트로 전류가 흐르는 것을 막고 입력 임피던스를 높인다. MOSFET에는 공핍형(Depletion Type)과 증가형(Enhancement Type)으로 나뉘고 공핍형, 증가형 MOSFET는 다시 pMOS와 nMOS로 나뉜다.

부록 계측기 및 장비 사용법

A 전류계, 전압계 및 저항계

A.1 전류계(Ammeter)

전류계는 측정할 위치에 직렬로 연결되어 전류를 측정한다(그림1). 그림2(a) 회로에서 저항에 걸린 전압이 V이면 저항에 흐르는 전류는 $i=\dfrac{V}{R}$이다. 전류계는 그림2.b처럼 내부저항(r)을 갖고 있어서 실제 전류계로 측정된 전류는 $i=\dfrac{V}{r+R}$이 된다. 따라서 전류계로 측정한 전류 값에는 오차가 있고 이 오차를 줄이기 위해선 전류계의 내부저항이 작아야 한다.

(a) 전류계

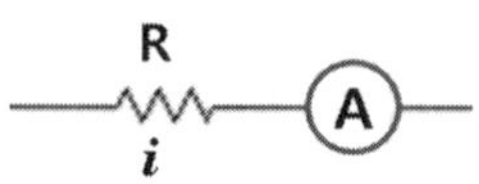

(b) 전류계의 연결

그림 1 전류계와 측정

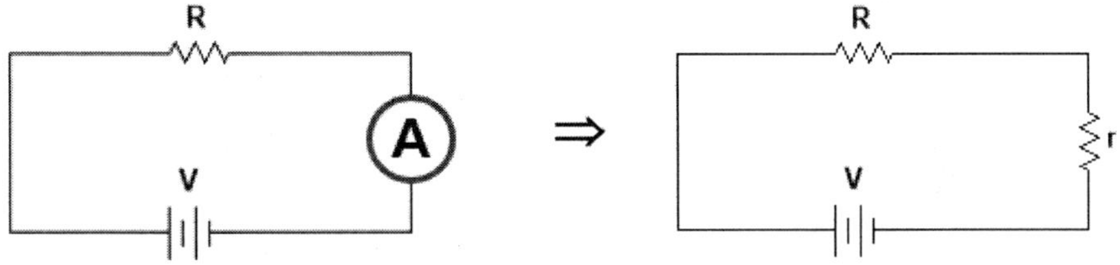

(a) $i = \frac{V}{R}$ (b) $i = \frac{V}{r+R}$

그림 2 전류계 내부저항에 의한 오차

전류계는 갈바노미터(Galvanometer)에 기초한다. 갈바노미터는 전류를 측정하기 위해 만든 장치로 그림3과 같이 자기장 속의 코일에 전류가 흐르면 전류에 비례하는 힘이 발생해서 바늘이 움직이고 이 움직임으로 전류를 측정한다. 갈바노미터는 바늘 움직임으로 인한 최대 허용 전류를 갖는다.

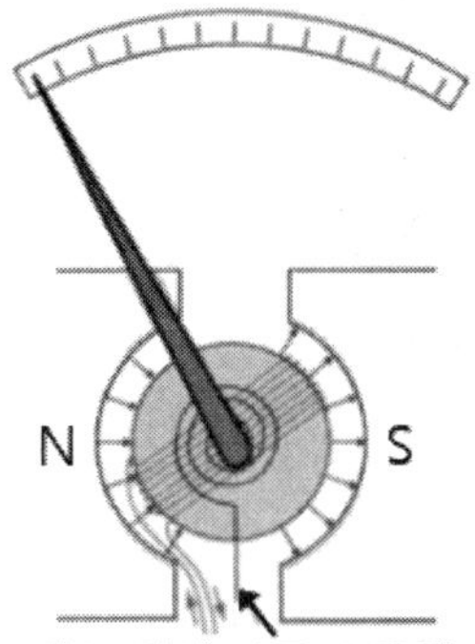

그림 3 갈바노미터

갈바노미터가 허용하는 전류보다 더 큰 전류를 측정하려면 분로(shunt)저항을 사용한다. 전류계는 그림4와 같이 갈바노미터와 분로저항(R_{shunt})이 병렬로 연결되어 있다. 전류 i는 i_G와 i_{shunt}로 나뉘기 때문에 i_G 보다 큰 전류(i)를 측정할 수 있다.

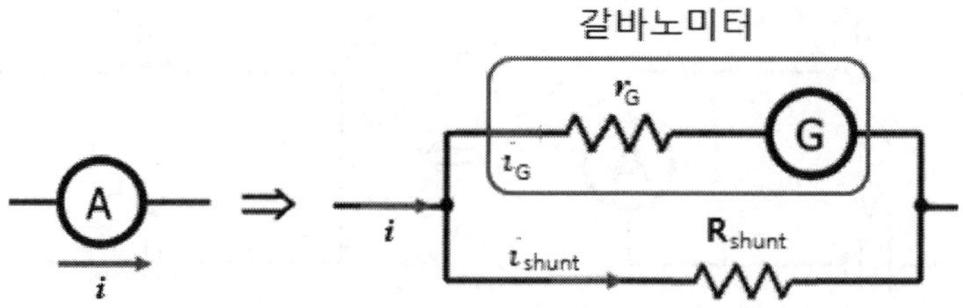

그림 4 전류계

A.2 전압계(Voltmeter)

그림5에서 전압계는 A와 B 지점의 전위차(V_{AB})를 측정하며, 이 때 전압계는 병렬로 연결되어야 한다.

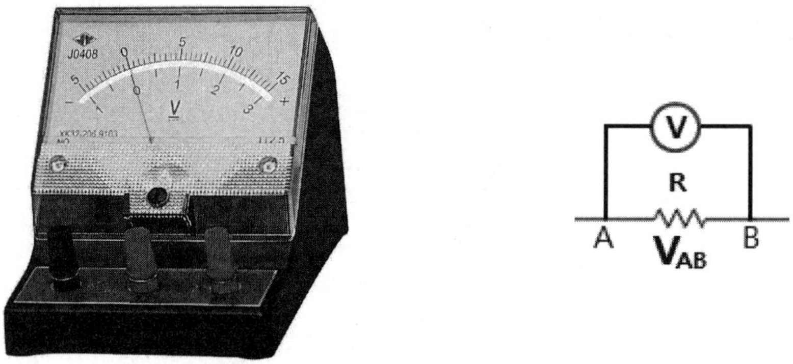

(a) 전압계 (b) 전압 측정

그림 5 전압계와 측정

그림6.a에서와 같이 두 점 A, B 사이의 전위차를 전압계로 측정할 때 전압계도 약간의 저항(r_V)을 가지며 전압계로 전류 i_V가 흐른다. 미세한 전류 변화에 의한 저항(r_V)에서 전압강하가 발생하고 V_{AB}에도 영향을 준다. 즉 V_{AB}가 R_1이 아닌 R_1과 r_V의 합성저항에 걸리는 전압이 된다. 오차를 줄이려면 전압계의 저항 r_V가 매우 커야한다. 이상적인 전압계라면 이 저항이 무한대이다.

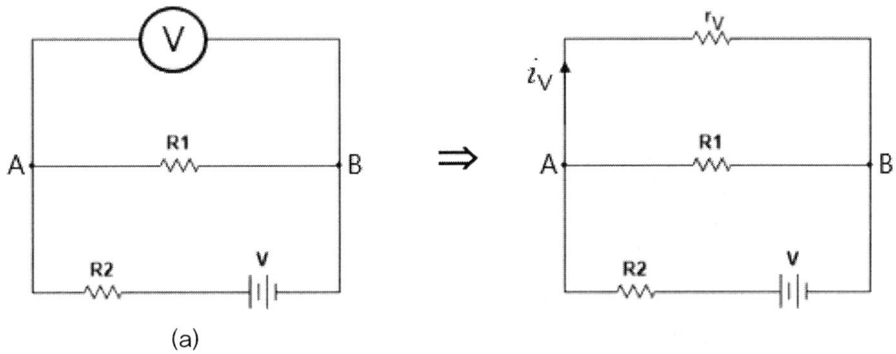

그림 6 전압계

전압계는 매우 큰 저항을 가져야하기 때문에 갈바노미터에 매우 큰 저항을 직렬로 연결하면 전압계로 사용할 수 있다(그림7).

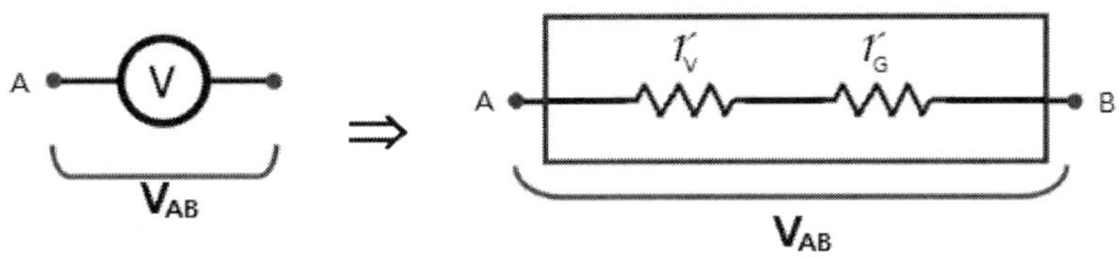

그림 7 갈바노미터를 이용한 전압계

A.3 저항계(Ohmmeter)

저항계는 그림8과 같이 저항 값을 측정한다. 저항계는 갈바노미터에 직렬로 저항을 연결하고 배터리를 사용해 만들 수 있다(그림9). 저항계의 단자가 미지의 저항에 연결되면 배터리로부터 전류가 흘러 갈바노미터의 바늘이 움직이고 이 전류 값에서 $R = \frac{V}{I} - r_{series} - r_G$에서 저항 값을 얻는다.

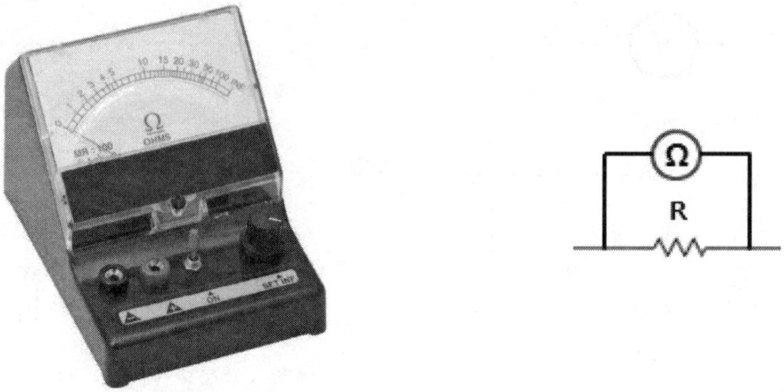

(a) 저항계 (b) 저항 측정

그림 8 저항계와 측정

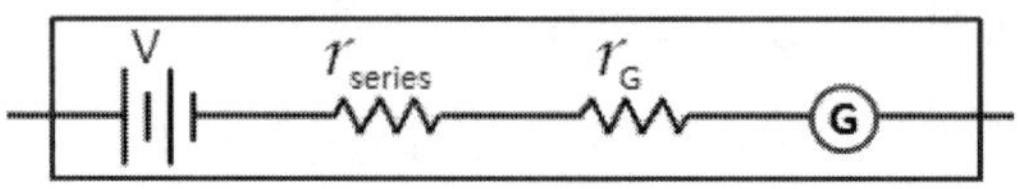

그림 9 갈바노미터를 이용한 저항계

B 디지털 멀티미터

B.1 디지털 미터와 아날로그 미터

디지털 미터는 아날로그 미터에 비해 사용이 편리하고 해상도와 정확도가 높다.

디지털 미터	아날로그 미터
• 명확한 측정 • 높은 해상도와 정확도(보통 ±0.5 %) • 단자 극성이 반대로 연결되면 음의 값을 표시 • 부주의한 취급에도 견고함 유지	• 스케일 오류로 잘못 읽을 수 있음 • 낮은 해상도와 정확도(보통 ±3 %) • 단자 극성이 반대로 연결되면 지시계가 왼쪽으로 치우침 • 떨어지거나 했을 때 장비가 손상될 가능성이 높음

그림1에서 디지털 전압계(DVM: Digital Voltmeter)는 아날로그 전압을 A/D(Analog to digital) 컨버터로 변환하여 디지털 표시화면에 표시한다.

그림 1 디지털 전압계

A/D 변환기는 아날로그 신호를 그 크기에 비례하는 디지털 코드로 변환한다. 이 때 필연적으로 양자화 오차(Quantization error)가 발생한다. 가령, 0 ~ 7 V의 전압 측정에 3비트의 A/D 변환기를 사용한다고 하자. 3비트 A/D 변환기로 표시할 할 수 있는 디지털 표현은 000부터 111까지 8(=2^3)가지로 측정 전압의 스텝 크기는 1 V가 된다(그림2). 설명을 위해서 0 ~ 7(아날로그 값)인 크기의 물체를 디지털 자로 측정한다고 생각해보자. 내가 사용한 자의 눈금(디지털 값)이 0, 1, 2, 3, 4, 5, 6, 7까지 8개를 가진다고 하면 눈금과 눈금 사이는 측정할 수 없는 오차에 해당하며, 눈금이 많을수록 오차는 줄어든다.

아날로그 신호를 측정해서 디지털 값으로 표시하는 모든 장치는 A/D 변환에 의한 오차를 가지며, 이 오차는 다음과 같이 계산된다.

$$\text{오차} = \frac{\text{스텝크기}}{\text{측정범위}} \times 100 = \frac{1}{2^N - 1} \times 100 = \frac{1}{2^3 - 1} = 14.3\%$$

여기서 N은 A/D 변환기의 비트 수

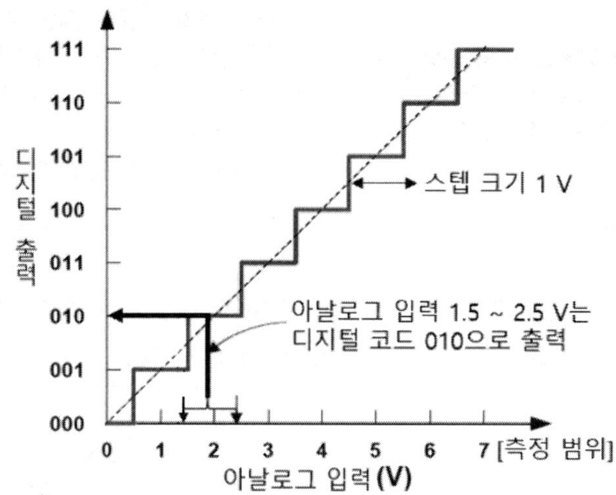

그림 2 A/D 변환

디지털 멀티미터(Digital MultiMeter)는 디지털 표시화면을 갖고 전압, 전류, 저항 등을 전자적으로 측정할 수 있는 장치로, 전형적인 DMM은 그림3과 같다.

B.2 DMM의 사용법

DT-830B DMM의 사용법에 대해 설명한다. DT-830B는 직류와 교류 전압, 직류 전류, 저항을 측정하고 다이오드, 트랜지스터 및 회로의 연속성(연결 여부)을 테스트할 수 있으며 기본 사양은 다음과 같다.

사양	
단자 간 최대 전압	600 V
퓨즈 보호	200 mA/250 V
전원	9 V 배터리
디스플레이	LCD 31/2 디지트, 2~3회/초 갱신
입력 임피던스	10 MΩ
주파수 범위	40~400 Hz
범위 초과 표시	디스플레이에 "1" 표시
극성 표시	음극에 "-" 표시

(1) 주요 기능

DMM의 전면부는 그림3과 같고 다음과 같은 기능을 갖는다.

① 기능 스위치(노브) : DMM의 온・오프, 기능 및 범위를 선택할 때 사용한다.

② LCD 표시화면 : 측정값과 테스트 결과를 표시한다.

③ 접지("COM") 잭: 검정색(−) 테스트 커넥터 단자를 연결한다.

④ 전압/전류/저항("VΩmA") 잭 : 전압, 전류(200 mA까지), 저항을 측정할 때 붉은색(+) 테스트 커넥터 단자를 연결한다.

⑤ 10 A 잭 : 전류(200 mA ~ 10 A까지)를 측정할 때 빨간색(+) 테스트 커넥터 단자를 연결한다.

⑥ 트랜지스터 : 트랜지스터의 전류 증폭률을 표시한다.

⑦ 다이오드 : 테스트 전압과 전류는 대략 2.8 V와 1 mA이고 mV 단위의 순방향 전압강하를 표시한다.

⑧ 직류 전압 측정 범위 지정

⑨ 교류 전압 측정 범위 지정

⑩ 직류 전류(200 mA 이하) 측정 범위 지정

⑪ 저항 측정 범위 지정

⑫ 직류 전류의 증폭률(hFE)을 표시하며 V_{CC}는 대략 3 V, I_B는 대략 10 μA, hFE는 1 ~ 1000이다.

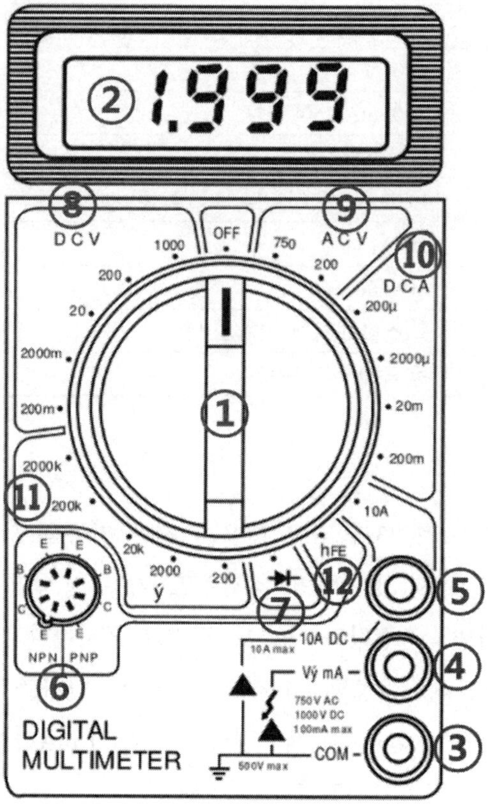

그림 3 DMM의 전면부

(2) 직류 전류 측정

① 빨간색 테스트 리드를 "VΩmA" 잭에 연결하고 검정색 테스트 리드를 "COM" 잭에 연결한다.

② 범위 스위치를 DCA(═══)의 원하는 전류 범위로 설정한다.

③ 회로에서 전류를 측정할 지점에 테스트 리드를 회로와 직렬로 연결한다.

④ 빨간색 테스트 리드의 극성과 함께 LCD 표시화면의 전류 값을 읽는다.

(3) 직류 전압 측정

① 빨간색 테스트 리드를 "VΩmA" 잭에 연결하고 검정색 테스트 리드를 "COM" 잭에 연결한다.

② 범위 스위치를 DCV(⎓)의 원하는 전압 범위로 설정한다. 전압을 미리 알 수 없는 경우 범위 스위치를 가장 높은 범위로 설정 한 후 만족스러운 해상도를 얻을 때까지 범위를 줄여간다.

③ 측정할 장치나 회로에 테스트 리드를 연결한다.

④ 빨간색 테스트 리드의 극성과 함께 LCD 표시화면의 전압 값을 읽는다.

(4) 교류 전압 측정

① 빨간색 테스트 리드를 "VΩmA" 잭에 연결하고 검정색 테스트 리드를 "COM" 잭에 연결한다.

② 범위 스위치를 ACV(∿)의 원하는 전압 범위로 설정한다.

③ 측정할 장치나 회로에 테스트 리드를 연결하고 LCD 표시화면의 전압 값을 읽는다.

(5) 저항 측정

① 빨간색 테스트 리드를 "VΩmA" 잭에 연결하고 검정색 테스트 리드를 "COM" 잭에 연결한다.

② 범위 스위치를 원하는 저항 범위로 설정한다.

③ 측정할 저항이 회로에 연결된 경우 저항을 측정하기 전에 회로 전원을 차단하고 모든 커패시터를 방전시킨다.

④ 측정할 저항에 테스트 리드를 연결하고 LCD 표시화면의 저항 값을 읽는다.

(6) 트랜지스터 테스트

① 범위 스위치를 "hFE"로 설정한다.

② 테스트 할 트랜지스터의 유형이 PNP 또는 NPN인지 확인하고 이미터, 베이스, 컬렉터 리드를 찾는다.

③ 리드를 전면 패널에 있는 hFE 소켓의 구멍에 올바르게 삽입한다.

④ 표시화면에 대략적인 hFE 값이 표시된다.

(7) 다이오드와 연속성 테스트

① 빨간색 테스트 리드를 “VΩmA” 잭에 연결하고 검정색 테스트 리드를 "COM" 잭에 연결한다.

② 범위 스위치를 ➔⊢ 범위로 설정한다.

③ 빨간색 테스트 리드를 테스트 할 다이오드의 양극에 연결하고 검정색 테스트 리드를 다이오드의 음극에 연결한다.

④ 다이오드의 대략적인 순방향 전압강하가 mV로 표시된다. 연결을 반대로 하면 표시화면에 “1”이 표시된다.

⑤ 연속성을 테스트하려면 테스트 리드를 테스트 할 회로의 두 지점에 연결한다. 저항이 약 50 Ω 보다 작으면(두 지점이 연결되어 있으면) 내장 부저가 울린다.

C 오실로스코프

전기전자 실험에서 많이 사용되는 오실로스코프는 2 채널, 대역폭 25 MHz, 샘플속도 500 MS/s의 기능과 표시화면을 갖는다. 이런 사양을 갖는 Tektronix TBS1022 오실로스코프의 매뉴얼 중 일부를 여기에 소개한다.

C.1 표시화면

오실로스코프의 표시화면(그림1)은 파형을 표시할 뿐 아니라, 파형과 오실로스코프 컨트롤 설정에 대한 사항을 보여준다.

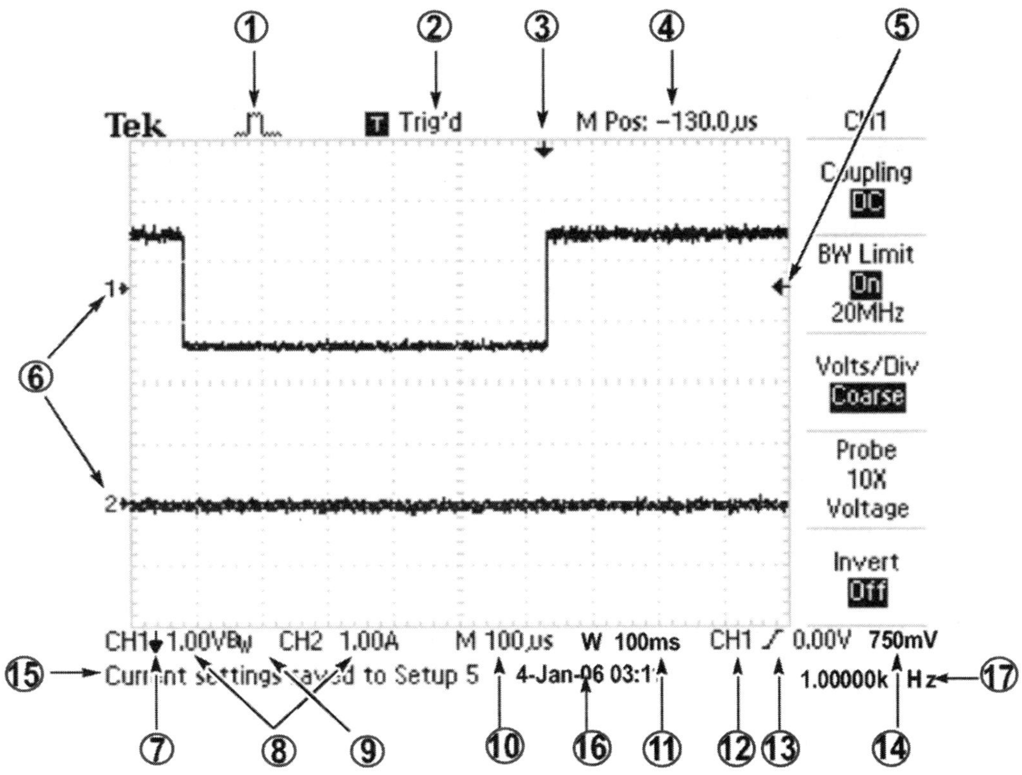

그림 1 오실로스코프 표시화면

그림1에서 표시화면과 컨트롤에 대한 세부 설정은 다음과 같다.

① 아이콘은 획득 모드를 표시한다.

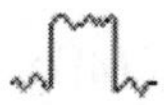	샘플 모드
	피크검출 모드
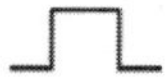	평균 모드

② 트리거 상태는 다음을 나타낸다.

□ Armed.	오실로스코프가 사전 트리거 데이터를 획득 중으로, 이 상태에서는 모든 트리거가 무시된다.
R Ready.	모든 사전 트리거 데이터가 획득되었고 오실로스코프는 트리거를 받을 준비가 되어 있다.
T Trig'd.	오실로스코프가 트리거를 포착하였으며 사전 트리거 데이터를 획득 중이다.
● Stop.	오실로스코프가 데이터에서 파형 획득을 중지했다.
● Acq. Complete	오실로스코프가 단일(single) 시퀀스 획득을 완료했다.
R Auto.	오실로스코프는 자동 모드에 있으며 트리거가 없는 상태에서 파형을 획득 중이다.
□ Scan.	오실로스코프가 스캔 모드에서 계속해서 파형을 획득하고 표시하는 중이다.

③ 마커는 수평 트리거 위치를 보여준다. 수평 위치 노브를 돌려 마커의 위치를 조정한다.

④ 판독 값은 가운데 계수 선에 시간을 표시한다. 트리거 시간은 0이다.

⑤ 마커는 에지나 펄스 폭 트리거 레벨을 표시한다.

⑥ 화면 마커는 표시된 파형의 접지 기준 위치를 표시한다. 마커가 없을 경우 채널은 표시되지 않는다.

⑦ 화살표 아이콘은 파형이 반전되었음을 나타낸다.

⑧ 판독 값은 채널의 수직 눈금 계수를 보여준다.

⑨ $A\ B_W$ 아이콘은 채널 대역폭이 제한됨을 나타낸다.

⑩ 판독 값은 주 시간 축 설정을 보여준다.

⑪ 판독 값은 윈도우 시간 축을 사용 중인 경우 그 설정을 보여준다.

⑫ 판독 값은 트리거링에 사용되는 트리거 소스를 보여준다.

⑬ 아이콘은 선택된 트리거 종류를 다음과 같이 보여준다.

	상승 에지를 위한 에지 트리거
	하강 에지를 위한 에지 트리거
	라인 동기를 위한 비디오 트리거
	필드 동기를 위한 비디오 트리거
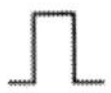	+ 펄스 폭 트리거
	− 펄스 폭 트리거

⑭ 판독 값은 에지나 펄스 폭 트리거 레벨을 표시한다.

⑮ 표시 영역에서 유용한 메시지를 표시하며 일부 메시지는 3초 동안만 표시된다. 저장된 파형을 호출할 경우 판독 값은 RefA 1.00 V 500 μs와 같은 기준 파형에 대한 정보를 보여준다.

⑯ 판독 값은 날짜와 시간을 표시한다.

⑰ 판독 값은 트리거 주파수를 표시한다.

C.2 오실로스코프 사용법

오실로스코프는 채널에서 데이터를 획득한 후 이를 표시화면에 표시하고 컴퓨터에 저장하거나 프린터로 출력할 수 있다(그림2). 오실로스코프를 사용하려면 설정, 트리거링, 신호(파형) 획득, 파형의 크기와 위치 조정 및 파형 측정에 대해 알아야 한다. 데이터 획득을 위해 케이블의 입력 BNC 커넥터를 연결하는 곳은 그림3과 같으며, “Exit Trig”는 외부 트리거 신호원을 사용할 때 신호원을 입력하는 곳이다.

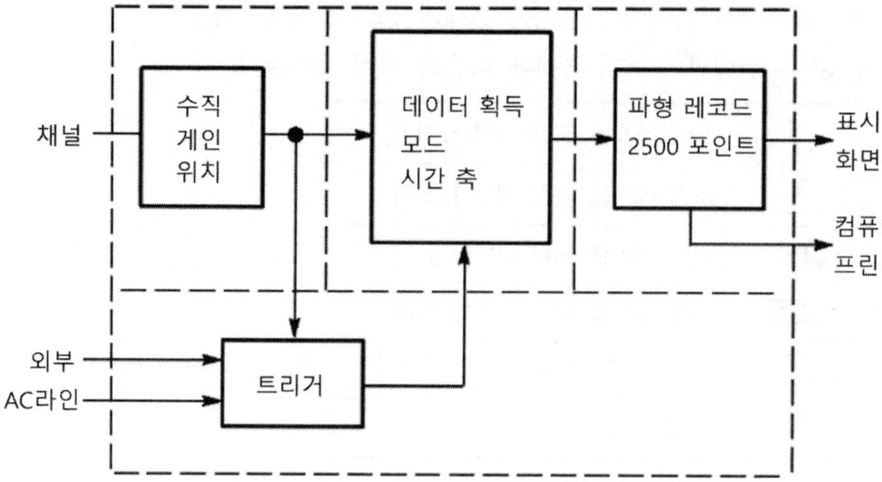

그림 2 오실로스코프의 기능

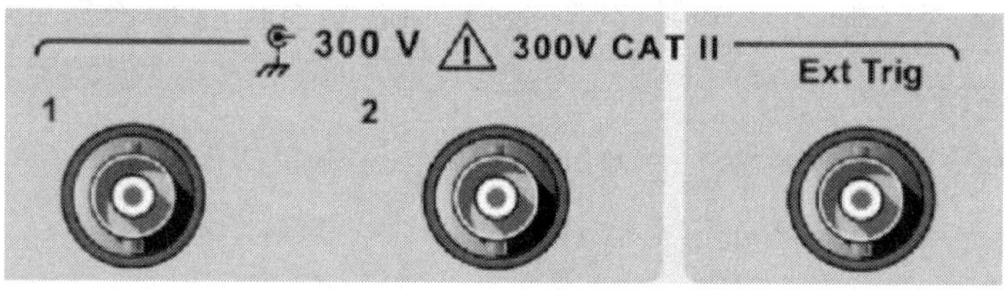

그림 3 입력 커넥터

(1) 설정

그림4에서 "범용 노브"로 메뉴나 메뉴 옵션을 선택하며 설정 버튼은 다음과 같은 기능을 수행한다.

- "AutoSet" : 이 버튼을 누르면 자동으로 안정된 파형을 화면에 표시한다. 수직 스케일, 수평 스케일 및 트리거 설정을 자동으로 조정하며 신호 종류에 따라 계수선 영역에 여러 가지 자동 측정 내용을 표시한다.
- "AutoRange" : 사용자가 설정 또는 해제할 수 있는 기능으로 신호가 큰 변화를 보이거나 프로브를 다른 위치로 바꿀 때 신호를 추적할 수 있게 한다.
- "Save/Recall" : 오실로스코프는 설정을 변경한 후 전원을 끄기 전에 5초 정도 기다리면 현재 설정을 저장하며, 다음에 전원을 켜면 이 저장된 설정을 호출한다.

- “DefaultSetup” : 오실로스코프는 공장에서 출하될 때 일반 작업에 적합하도록 설정되어 있다(기본 값 설정). 기본 값 설정 버튼을 누르면 이 설정이 적용된다.

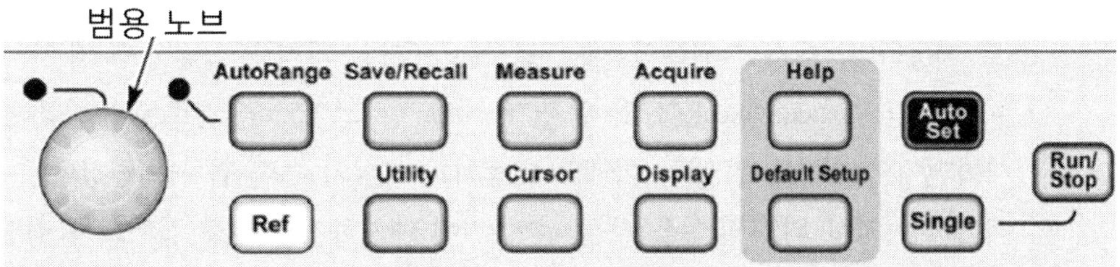

그림 4 메뉴 및 컨트롤 버튼

(2) 트리거링

트리거는 오실로스코프가 데이터 획득을 시작해서 파형을 표시할 시점을 결정하고 파형 표시에 필요한 데이터를 획득한 후 파형을 표시한다. “Trigger Source” 옵션을 사용하면 오실로스코프가 트리거로 사용하는 신호를 선택 할 수 있다. 신호원은 채널 BNC 또는 Ext Trig BNC에 연결된 신호 또는 AC 전원선(에지 트리거에만 사용 가능)이 될 수 있다. 오실로스코프는 에지, 비디오 및 펄스폭과 같은 세 가지 유형의 트리거를 제공한다. “Run/Stop(실행/정지)” 버튼을 누르면 데이터의 획득을 시작한다. 단일 시퀀스 획득을 원하면 "Single" 버튼을 누른다.

(3) 신호 획득

신호를 획득하면 오실로스코프는 신호를 디지털 형식으로 변환하고 파형을 표시한다. 획득 모드는 신호를 디지털화하는 방법을 정의하고 시간 축 설정은 획득 시간의 범위와 세부 레벨을 지정한다. 획득 모드에는 샘플(Sample), 피크 검출(Peak Detect) 및 평균(Average)의 세 가지가 있다.

- “Sample” : 파형을 구성하기 위해 고른 간격으로 신호를 샘플링 한다.
- “Peak Detect” : 샘플링 한 신호 사이에 급격한 변동이 있는 경우에 사용한다.
- “Average”: 여러 파형을 획득하고 이를 평균한 파형을 표시한다. 이 모드를 사용하면 무작위 잡음을 줄일 수 있다.

(4) 파형 스케일(눈금)과 위치 조정

눈금과 위치를 조정해서 파형의 표시를 변경할 수 있다. 눈금을 변경하면 파형 표시 크기가 커지거나 작아진다. 위치를 변경하면 파형은 위, 아래, 오른쪽 또는 왼쪽으로 이동한다. 계수선 왼쪽의 채널 표시는 표시된 파형을 식별하게 해준다.

- 수직 눈금(Vertical “Scale”) 및 위치(”Position”) : 그림5.a의 컨트롤을 사용해서 표시화면에서 파형을 위 또는 아래로 이동시켜 파형의 수직 위치를 변경할 수 있다. 데이터 비교를 위해 파형을 다른 파형 위에 배치하거나 서로 겹치도록 정렬한다. 파형의 수직 눈금을 변경해서 상대적으로 축소 또는 확대할 수 있다.
- 수평 눈금(Horizontal “Scale”) 및 위치(”Position”) : 그림5.b의 수평 위치 컨트롤을 조정해 트리거 전후 또는 각각에 해당하는 일부 파형 데이터를 볼 수 있다. 파형의 수평 위치를 변경하면 화면에서 파형이 오른쪽이나 왼쪽으로 이동한다. 수평 스케일 노브를 돌려 모든 파형에 대한 수평 스케일을 변경한다.

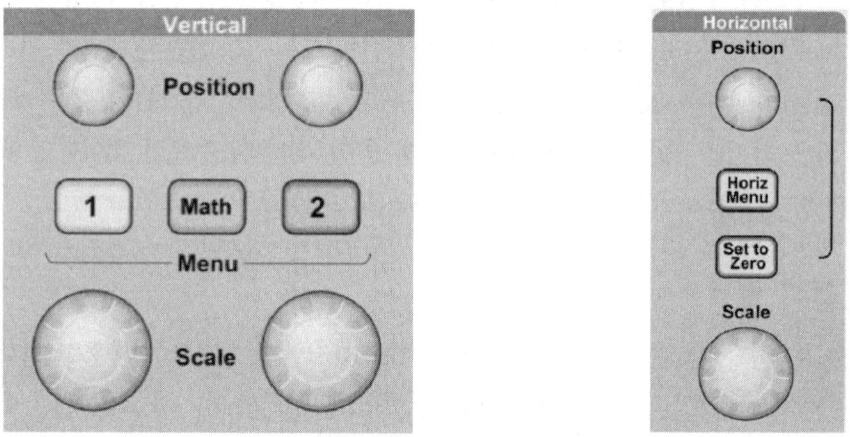

(a) 수직 컨트롤 (b) 수평 컨트롤

그림 5 파형의 수평, 수직 및 트리거 컨트롤

(5) 측정

오실로스코프는 전압과 시간의 그래프(파형)를 측정한다. 측정하는 방법에는 계수선, 커서 또는 자동화된 측정을 사용 할 수 있다.

- 계수선 사용 : 파형의 최소 및 최대값 사이의 수직 계수선을 세고 여기에 구간 당

전압을 곱하면 첨두치 전압을 계산할 수 있다. 예로, 계수선 구간 전압이 100 mV/구간이고 측정 파형이 5개 구간을 차지한다면 첨두치 전압은 5 구간*100 mV/구간 = 500 mV가 된다.

- 커서 사용 : 한 쌍으로 표시되는 커서를 이동시켜 표시화면의 판독 값에서 숫자를 읽어 측정한다. 커서에는 진폭과 시간 커서가 있다. 커서를 사용할 때는 “Cursor” 버튼을 누른다. 진폭 커서는 표시화면에 수평선으로 나타나며, 수직 매개변수를 측정한다. 진폭은 접지 레벨을 기준으로 한다. 시간 커서는 표시화면에 수직선으로 나타나며, 수평 및 수직 매개변수를 모두 측정한다.
- “Measure” 메뉴를 사용해 최대 5가지를 자동 측정할 수 있다. 자동 측정을 실행하면 오실로스코프가 모든 계산을 수행하며 계수선이나 커서 측정보다 정확하다.

(6) 간단한 측정하기

그림6의 회로가 있다고 하자. 이 회로에서 신호의 첨두치 진폭, 주기, 주파수 및 상승시간을 측정해보자. 이를 위해 자동 설정과 자동 측정을 사용한다.

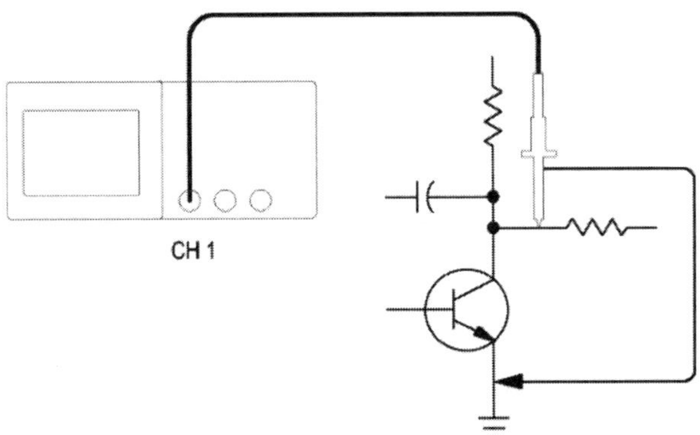

그림 6 오실로스코프로 측정

① “1”(채널1) 버튼을 누른다.

② 프로브를 신호에 연결한다.

③ “AutoSet” 버튼을 누른다.

④ "Measure" 버튼을 눌러 메뉴를 표시한다.

⑤ 상단의 옵션 버튼을 누르면 Measure 1 메뉴가 나타난다.

⑥ "종류(Type) > 주파수(Freq)"를 누른다. 값(Value) 표시화면에 측정값이 표시된다.

⑦ "뒤로(Back)" 옵션 버튼을 누른다.

⑧ 상단에서 두 번째 옵션 버튼을 누르면 Measure 2 메뉴가 나타난다.

⑨ "종류(Type) > 주기(Period)"를 누른다. 값(Value) 표시화면에 측정값이 표시된다.

⑩ "뒤로(Back)" 옵션 버튼을 누른다.

⑪ 중간 옵션 버튼을 누르면 Measure 3 메뉴가 나타난다.

⑫ "종류(Type) > 첨두치(Pk-Pk)"를 누른다. 값(Value) 표시화면에 측정값이 표시된다.

⑬ "뒤로(Back)" 옵션 버튼을 누른다.

⑭ 하단에서 두 번째 옵션 버튼을 누르면 Measure 4 메뉴가 나타난다.

⑮ "종류(Type) > 상승시간(Rise Time)"을 누른다. 값(Value) 표시화면에 측정값이 표시된다.

측정한 파형과 값이 그림7과 같이 표시된다.

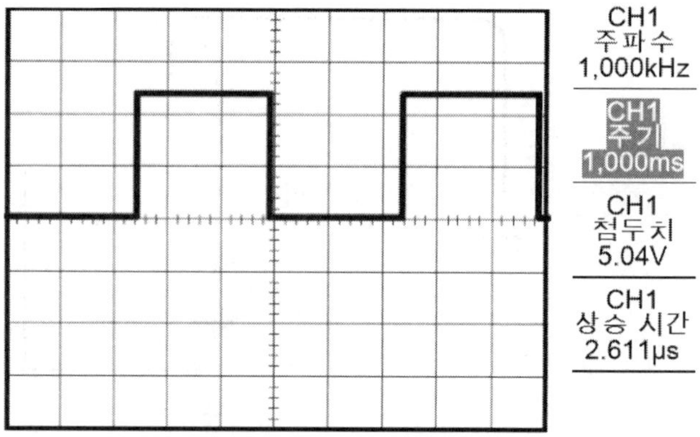

그림 7 표시화면과 측정 값

(7) 두 신호 측정하기

그림8의 회로가 있다고 하자. 회로의 두 지점을 오실로스코프의 채널1과 채널2에 연결해서 신호를 측정한다.

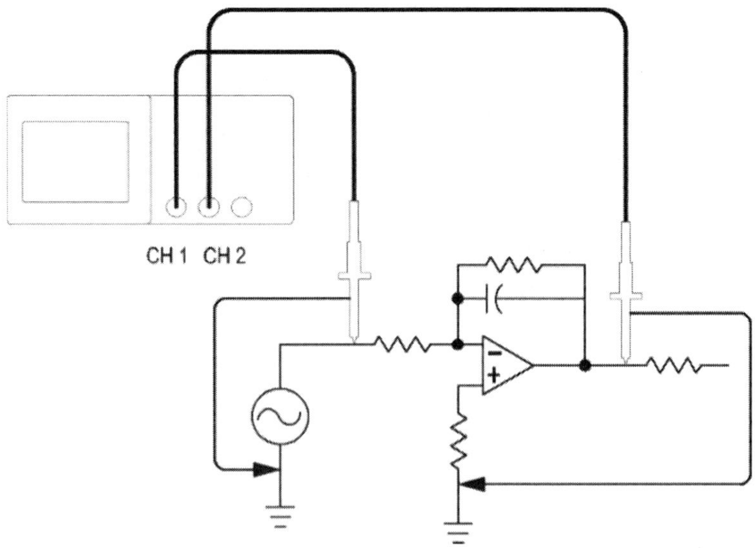

그림 8 두 신호 측정

① "1"(채널1)과 "2"(채널2) 버튼을 누른다.

② 프로브 2개를 신호에 연결한다.

③ "AutoSet" 버튼을 누른다.

④ "Measure" 버튼을 눌러 메뉴를 표시한다.

⑤ 상단의 옵션 버튼을 누르면 Measure 1 메뉴가 나타난다.

⑥ "Source > CH1"을 누른다.

⑦ "종류(Type) > 첨두치(Pk-Pk)"를 누른다.

⑧ "뒤로(Back)" 옵션 버튼을 누른다.

⑨ 상단에서 두 번째 옵션 버튼을 누르면 Measure 2 메뉴가 나타난다.

⑩ "신호원(Source) > CH2"를 누른다.

⑪ "종류(Type) > 첨두치(Pk-Pk)"를 누른다.

⑫ "뒤로(Back)" 옵션 버튼을 누른다. 두 채널에 대해 표시된 첨두치를 판독한다.

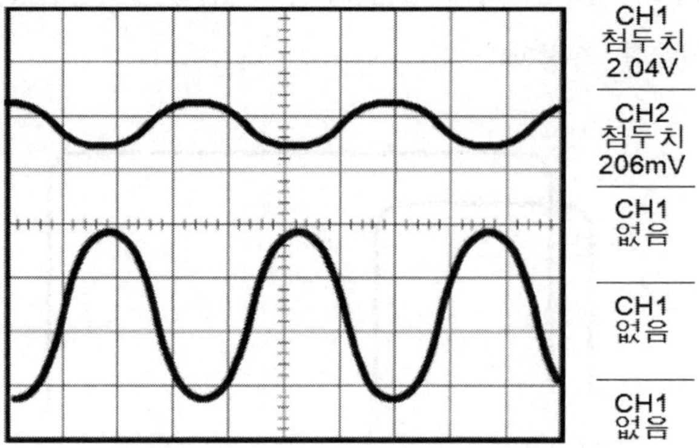

그림 9 두 신호 표시화면과 측정 값

D 함수발생기

교육용으로 적합한 Tektronix AFG1022 함수발생기(그림1)의 매뉴얼 가운데 일부를 설명한다. 이 장비는 다음과 같은 특징을 갖는다.

- 듀얼 채널, 대역폭 25MHz, 출력 1 mVpp ~ 10 Vpp, 수직 해상도 14비트, 주파수 분해능 1 μHz로 정밀한 파형을 생성하여 정확한 실험결과를 얻을 수 있다.
- 연속, 변조, 스윕, 버스트 모드를 포함, 50가지의 내장된 파형을 생성할 수 있어 실험에 필요한 다양한 파형을 생성할 수 있다.
- 3.95″ TFT LCD 표시화면을 갖고 전면 패널과 메뉴 조작이 편리하다.
- 200MHz, 여섯 자리 주파수 카운터를 내장해서 별도의 주파수 카운터 없이 주파수, 주기, 펄스 폭, 듀티 사이클을 정확하게 측정할 수 있다.

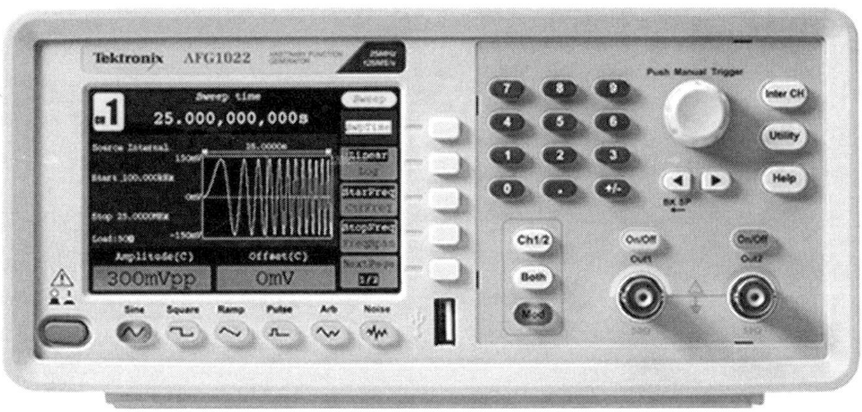

그림 1 Tektronix AFG1022 함수발생기

함수발생기는 그림2와 같은 사용자 컨트롤, 표시화면 및 그 인터페이스를 제공한다.

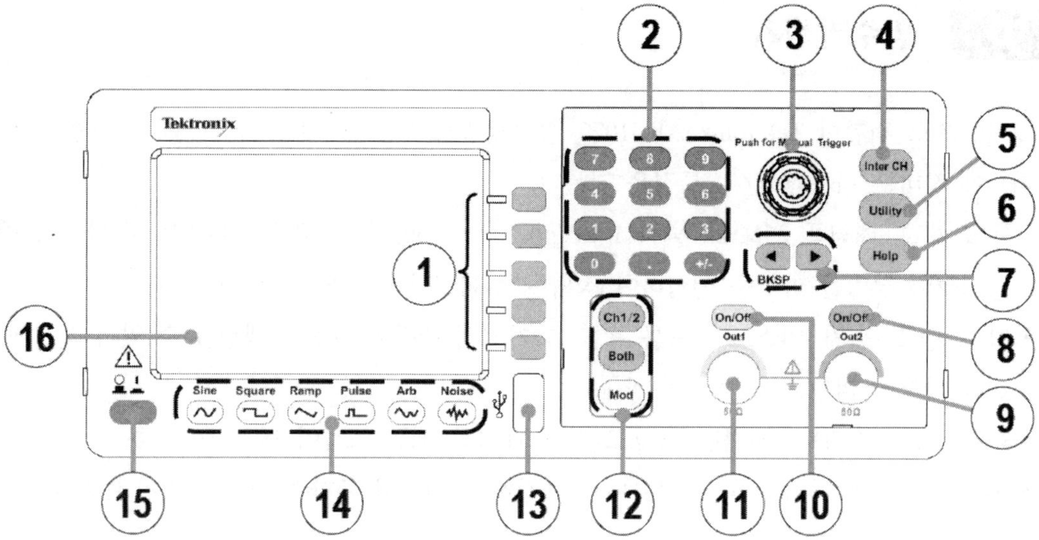

① 베젤 버튼

② 수치 키 패드(숫자, 소수점, +, − 부호 포함)

③ 일반 목적의 노브

④ 채널 복사 버튼

⑤ 유틸리티 버튼

⑥ 도움말 버튼

⑦ 화살표 버튼으로 진폭, 위상, 주파수 등을 변경하고자 할 때 표시화면에서 특정 숫자를 입력할 때 사용

⑧ 채널 2 온/오프 버튼

⑨ 채널 2 출력 커넥터

⑩ 채널 1 온/오프 버튼

⑪ 채널 1 출력 커넥터

⑫ Ch1/2: 화면에 표시 채널 변경(Both: 두 채널 표시, Mod: 실행 모드)

⑬ USB 커넥터

⑭ 함수 버튼

⑮ 전원 버튼

⑯ 표시화면

그림 2 함수발생기의 전면 패널

표시화면의 인터페이스(그림3)의 세부 내용은 다음과 같다.

① 베젤 메뉴 : 전면 패널 버튼을 누르면 계측기는 화면 오른쪽에 해당 메뉴를 표시한다. 메뉴에는 레이블이 없는 베젤 버튼을 화면 오른쪽에서 직접 누를 때 사용할 수 있는 옵션이 표시된다.

② 그래프/파형 표시 : 신호가 그래프나 파형으로 표시된다.

③ 매개변수 표시 : 활성화된 매개변수를 표시. F는 주파수 잠김을, A는 진폭 잠김을 나타낸다.

④ 메시지 표시 : 부하 값을 표시한다.

⑤ 메시지 표시 : 현재 채널을 표시한다.

⑥ 매개변수 표시 : 주기를 표시한다.

⑦ 메시지 표시 : 현재 신호 또는 전류 모드를 표시한다.

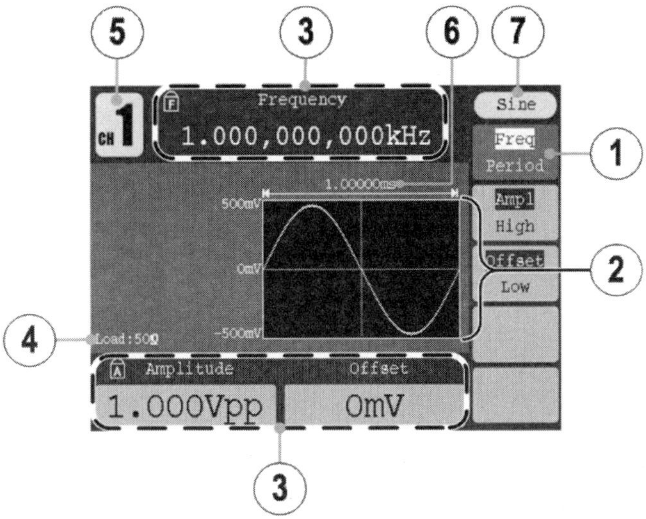

① 베젤 메뉴

② 그래프/파형 표시

③ 매개변수 표시

④, ⑤, ⑦ 메시지 표시

⑥ 매개변수 표시

그림 3 함수발생기의 표시화면 인터페이스

1) 기본 설정으로 장비 복원

기본 값으로 장비 설정을 복원할 때는 다음과 같이 전면 패널의 유틸리티 버튼을 사용한다.

① 전면 패널의 "Utility" 버튼을 누른다.

② "System"을 누른다.

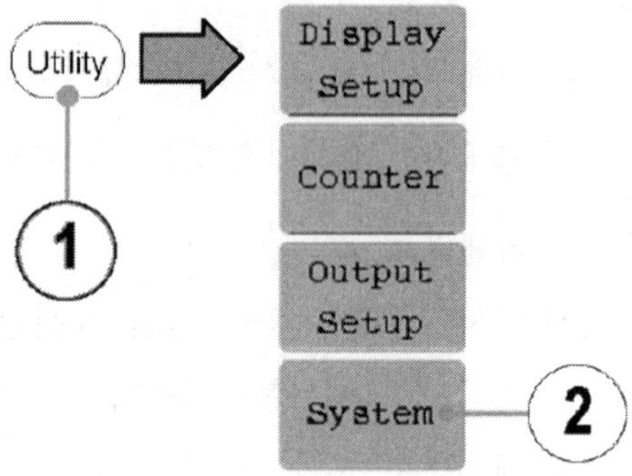

③ "Set to Default"를 누른다.

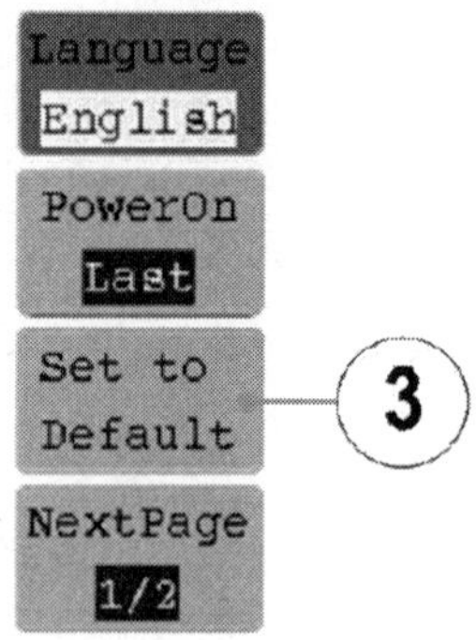

2) 파형 선택

함수발생기는 5 가지 표준 파형으로 사인(Sine), 구형(Square), 램프(Ramp), 펄스(Pulse) 및 노이즈(Noise) 파형을 제공하며 사용자가 임의의 파형을 정의할(생성, 편집 및 저장) 수 있다. "Mod" 패널 버튼과 "Mod" 베젤 버튼 메뉴를 사용하여 변조된 파형을 만들 수도 있다. 변조(Mod), 스윕(Sweep) 및 버스트(Burst) 모드는 채널1에서만 사용할 수 있으며 연속 모드는 채널1과 2 모두 사용할 수 있다.

3) 실행 모드 선택

"Mod" 패널 버튼을 누른 다음 4 개의 Run Mode 베젤 버튼 중 하나를 눌러 기기의 신호 출력 방법을 선택한다.

4) 파형의 매개변수

함수발생기를 켜면 기본 출력 신호는 진폭이 1 V_{p-p}이고 주파수가 1 kHz의 사인파이다. 다음과 같이 출력 신호의 주파수와 진폭을 변경한다.

① 주파수를 변경하려면 "Freq/Period"를 누른다. 한 번 더 누르면 "Period"가 선택된다. 매개변수가 흰색으로 표시되면 일반의 목적의 노브를 사용해서 주파수 값을 변경한다. "❮/❯" 버튼을 사용해 커서를 움직일 수 있다.

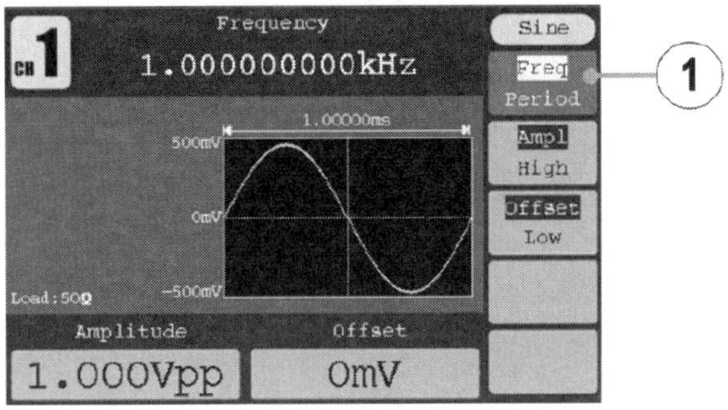

② 또는 숫자 패널 버튼을 누르면 입력 상자가 나타나고 입력 주파수 값과 범위를 선택한다.

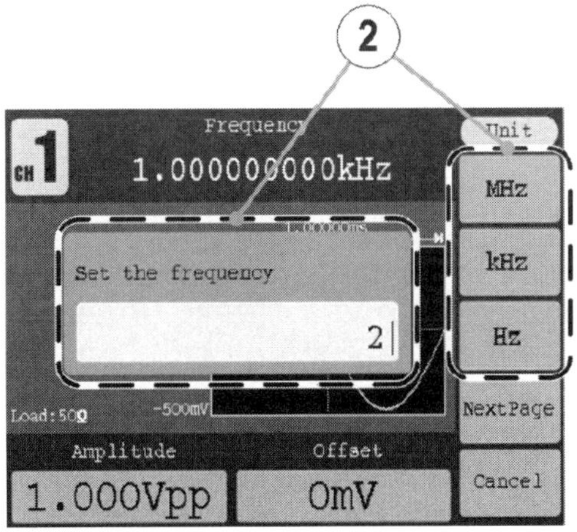

③ 다음 옵션 선택을 위해 "NextPage"를 누르거나

④ "Cancel"을 누른다.

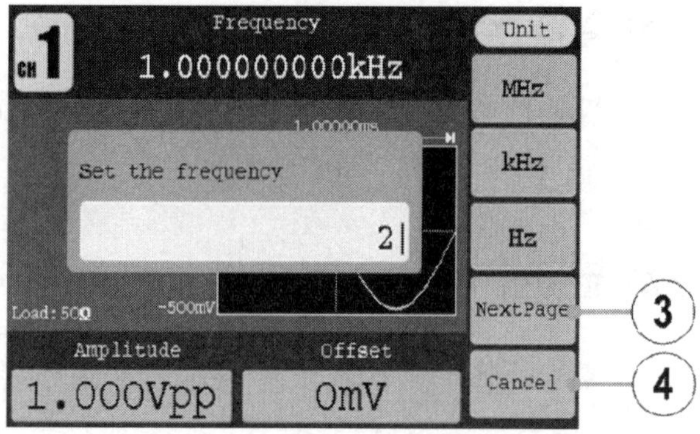

5) 채널 선택

① 프런트 패널의 "Ch1/2" 버튼을 누른다. 이 버튼을 계속 누르면 두 채널 사이를 오갈 수 있다.

② 채널 모두를 선택하려면 "Both" 버튼을 누른다.

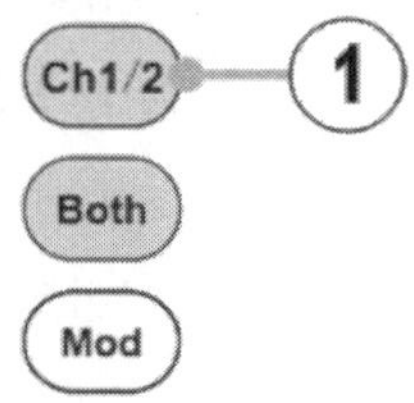

③ 현재 채널의 파형을 선택하려면 "Waveform" 버튼을 누른다.

④ 베젤 버튼을 눌러 매개변수를 선택한다. 일반 목적의 노브를 돌려 값을 변경한다. "❮/❯" 버튼을 사용해 커서를 움직일 수 있다.

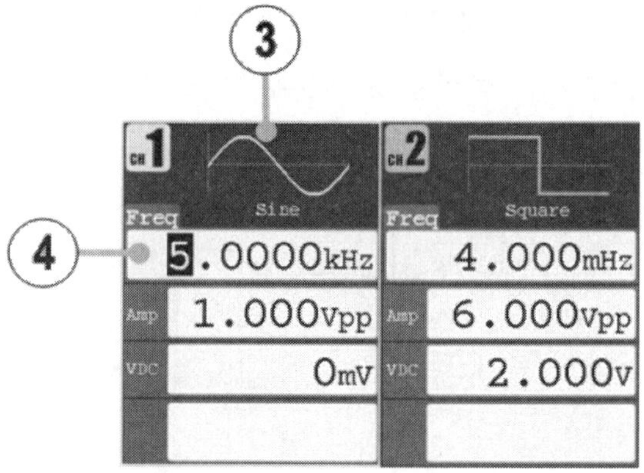

6) 사인파(정현파) 출력하기

① "전원" 버튼을 누른다.

② BNC 케이블을 함수발생기 출력 채널로부터 오실로스코프 입력에 연결한다.

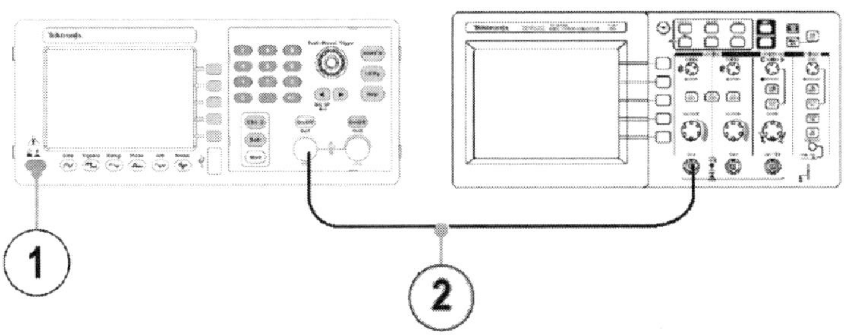

③ 프런트 패널의 "Sine" 버튼을 선택한다.

④ 기본 실행 모드는 연속(Continuous)이다.
이 모드를 변경하려면 프런트 패널의 "Mod" 버튼을 누르고 "베젤" 버튼을 눌러 4 가지 실행 모드 가운데 하나를 선택한다.

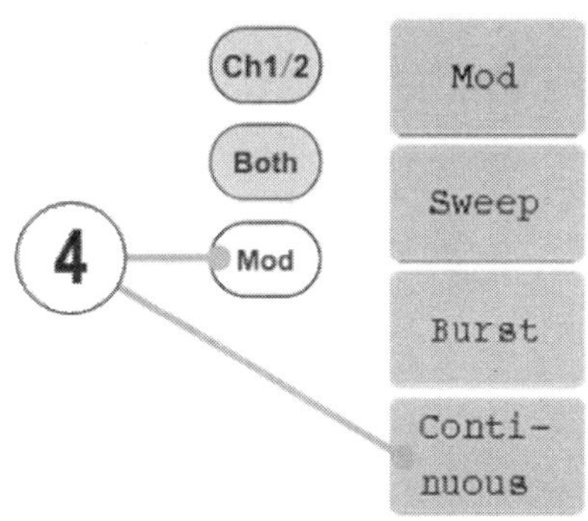

⑤ 프런트 패널 채널의 "On/Off" 버튼을 눌러 출력을 활성화한다.

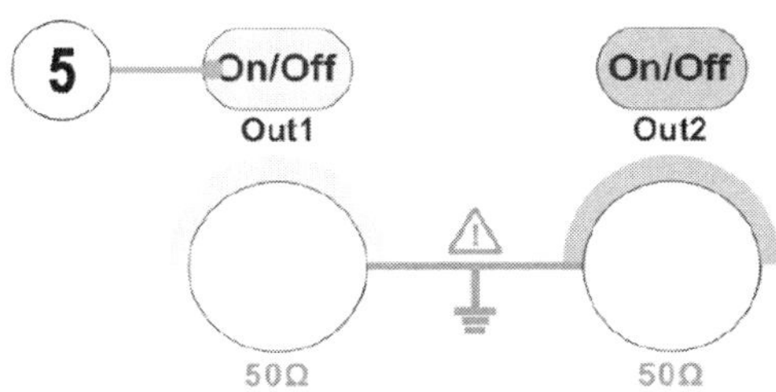

⑥ 오실로스코프의 자동 조정("Auto Scaling") 기능을 사용해서 화면에 사인파가 표시되도록 한다.

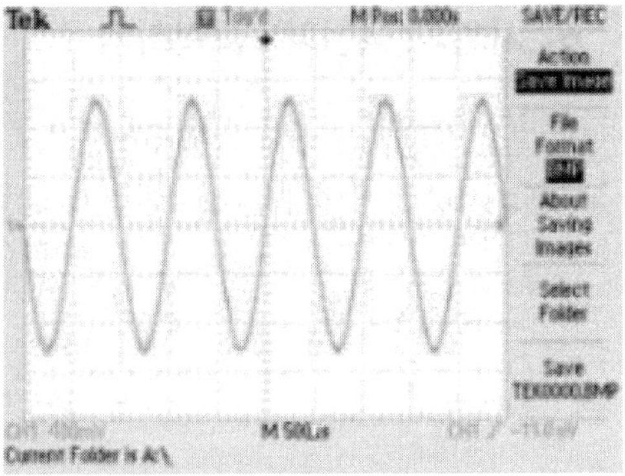

7) 펄스 파형 출력

① 프런트 패널의 "Pulse" 버튼을 누른다.

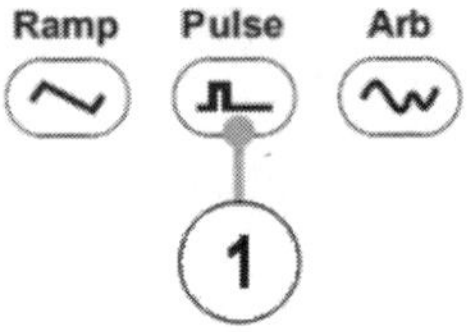

② "Width/DutyCyc"을 눌러 매개변수를 조정한다.

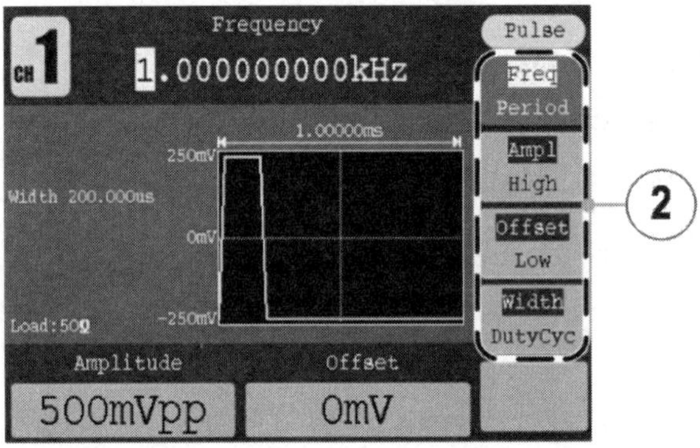

8) 내장된 파형의 출력

① 프런트 패널의 "Arb" 버튼을 누른다.

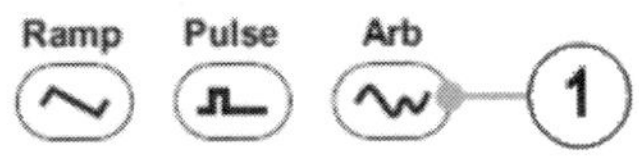

② 매개변수를 조정한다.

③ 기기에 내장된 파형을 선택하기 위해 "Common", "Maths,", "Window" 또는 "Others"을 선택한다.

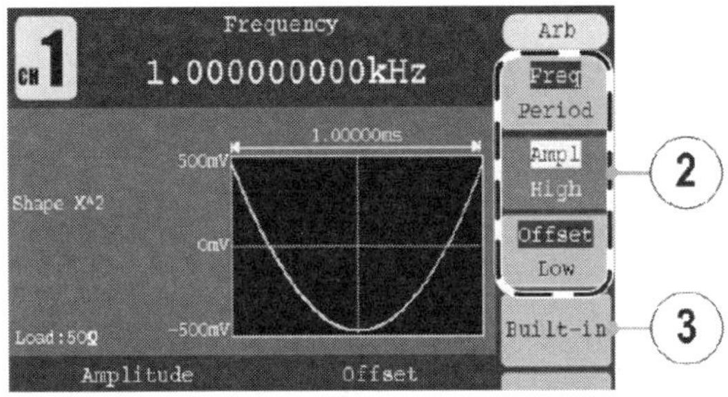

④ 기본 실행 모드는 연속(Continuous)이다. 이 모드를 변경하려면 프런트 패널의 "Mod" 버튼을 누르고 "베젤" 버튼을 눌러 4 가지 실행 모드 가운데 하나를 선택한다.

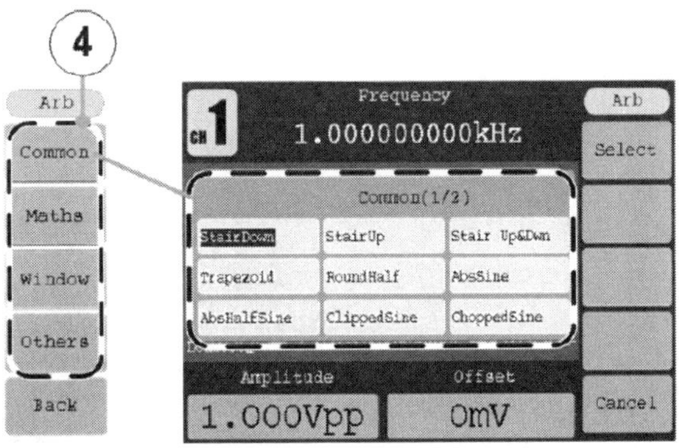

9) 스윕 파형 출력

스윕은 출력 신호의 주파수를 선형 또는 대수적으로 변경하는 파형을 출력하며 그림4에 보인 것과 같은 매개변수(시작 주파수, 정지 주파수, 중심 주파수, 스윕 시간, 주파수 범위)를 갖는다.

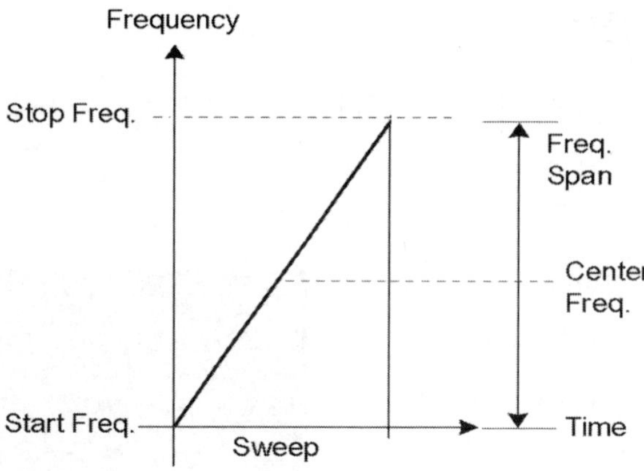

그림 4 스윕 파형

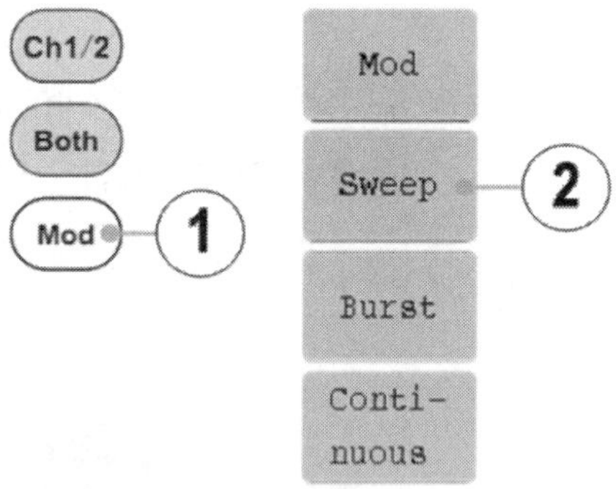

① 파형을 선택하고 "Mod" 버튼을 누른다.

② "Sweep"을 눌러 메뉴로 들어간다.

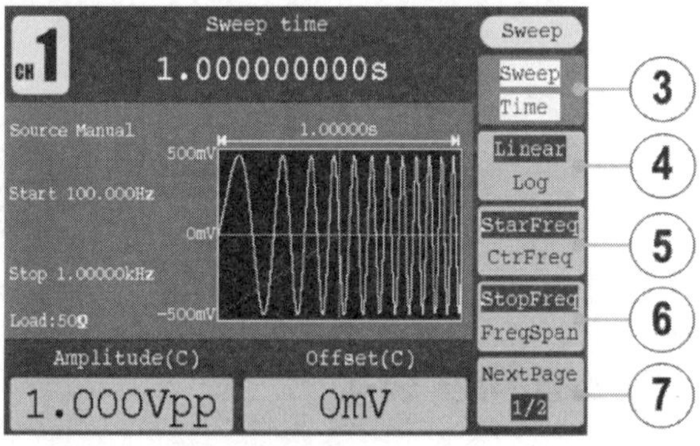

③ "Sweep Time"을 눌러 시작과 정지 주파수 사이의 시간을 설정한다.

④ 스윕 유형을 선택하기 위해 "Linear/Log"를 누른다.

⑤ "StartFreq/CtrFreq"을 누른다. 노브나 숫자 패드를 사용해 시작 및 중심 주파수를 설정한다.

⑥ "StopFreq/FreqSpan"을 누른다. 노브나 숫자 패드를 사용해 정지 주파수와 주파수 범위를 설정한다.

⑦ "NextPage"를 눌러 다음 하위 메뉴로 들어간다.

⑧ "Source"를 눌러 Internal, Manual 또는 External(Trig/ FSK/Burst 인터페이스로부터 소스 입력을 선택, Slope은 Positive 또는 Negative 선택) 가운데 하나를 선택한다.

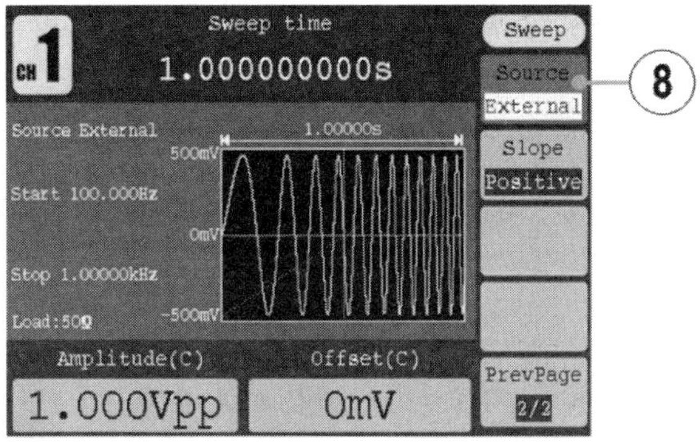

10) 진폭 변조 파형 출력

① 파형을 선택하고 "Mod" 버튼을 누른다.

② "Mod"를 누르고 출력 파형을 선택한다(여기서 Sine 파형).

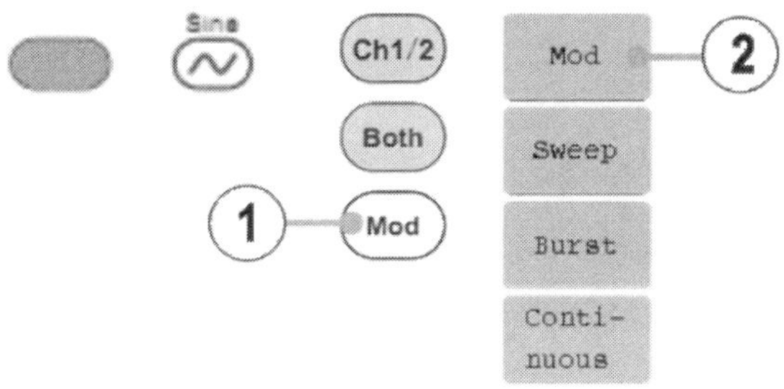

③ "Type"을 눌러 표시된 변조 메뉴 가운데 "AM"을 선택한다.

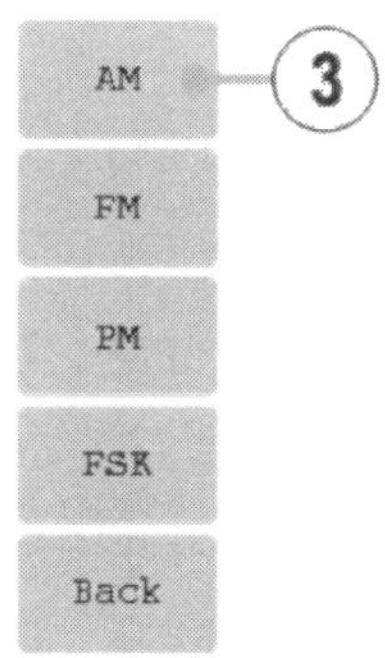

④ “Source”를 눌러 Internal 또는 External을 누른다. 소스가 External이면 외부 신호를 받아들이기 위해 기기 뒷면의 Ext Mod In 커넥터를 사용한다. Internal이면 다음 단계를 계속한다.

⑤ “Shape”을 눌러 변조 파형으로 사인, 구형, 램프 또는 arb(임의의 파형) 중 하나를 선택한다.

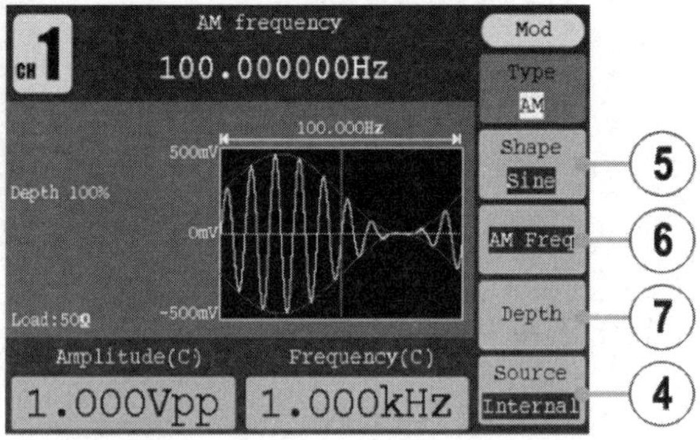

⑥ “AM Freq”를 눌러 AM 주파수를 설정한다. 내부 소스인 경우 주파수 범위는 2 mHz에서 20 kHz이다.

⑦ “Depth”를 누른다. 노브를 사용해 깊이를 조정하거나 숫자 패드를 사용하고 % 단위를 선택한다. 범위는 0 %에서 100 %이다.

동일한 방식으로 주파수 변조(FM)와 위상 변조(PM) 파형을 출력 할 수 있다. 내부(Internal) 또는 외부(External) 신호를 AM 소스로 선택할 수 있다. AM, FM 및 PM 변조는 다음 식에 의해 출력된다.

- AM : $V_{out(p-p)} = \frac{A}{2}\left(1+\frac{M}{100}sin(2\pi f_m t)\right)\sin(2\pi f_c t)$

- FM : $V_{out(p-p)} = Asin(2\pi(f_c + Dsin(2\pi f_m t))t)$

- PM : $V_{out(p-p)} = Asin\left(2\pi fct + 2\pi\frac{P}{360}sin(2\pi f_m t)\right)$

여기서 A는 진폭 [V_{p-p}], f_c는 반송파 주파수 [Hz], f_m은 변조 주파수 [Hz], t는 시간 [sec], M은 AM 변조 깊이 [%], D는 FM 편차 [Hz]이고 P는 PM의 편차 [도]이다.

E 브레드보드

브레드보드(Breadboard)는 전자회로의 설계를 구현하기 전에 납땜 없이 전자회로를 시험하기 위해 사용되는 도구이다(프로토타이핑에 사용). 브레드보드는 사용하기 쉽고 안전한 구조를 갖고 있어서 초보자도 빠른 실험을 통해 아이디어를 시험할 수 있어서 전기·전자회로 개발에 있어 중요한 단계이다. 브레드보드("빵 보드")라는 이름은 빵을 얇게 썰어 놓는 나무 조각위에 전선을 사용해서 전자회로를 만들었던 것에서 유래한다.

1) 브레드보드의 구성

브레드보드에는 다양한 크기와 색을 갖는 제품이 있지만 기본적인 사항(표준 모양)은 동일하다(그림1).

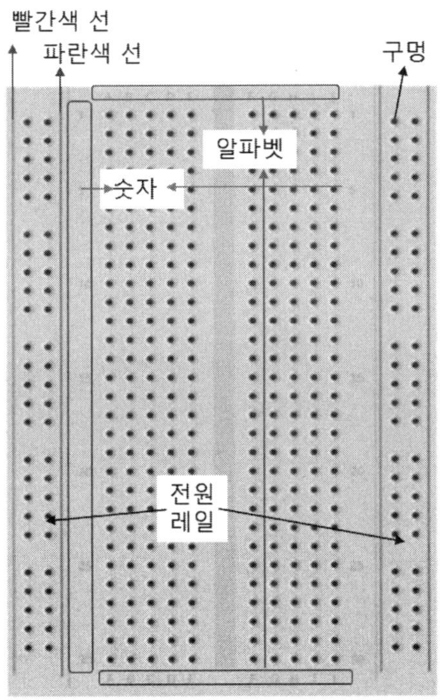

그림 1 브레드보드

브레드보드는 수많은 구멍, 알파벳 문자, 숫자 및 파란색과 빨간색 선으로 이루어진다.

- 알파벳 문자 : 브레드보드의 상단과 하단에는 열을 구분하기 위해 “A”에서 “J”까지의 문자가 구멍 위에 표시된다.
- 숫자 : 가로 행을 구분하기 위해 숫자가 5 단위로 브레드보드의 왼쪽과 오른쪽 가장자리에 표시된다. 숫자와 알파벳 문자를 함께 사용해서 특정한 구멍의 위치를 표시한다. 예로, 구멍 “F12”는 열 “F”와 행 “12”의 교차점에 있는 구멍을 표시한다(그림2).
- 행은 숫자로 식별되며 각 행에는 중간 구분선의 왼쪽과 오른쪽에 5 개의 구멍을 갖는다. 같은 행에 있는 5 개의 구멍은 모두 전기적으로 연결되어 있다. 예로, 행 번호가 25인 구멍(25A, 25B, 25C, 25D와 25E)들은 모두 전기적으로 연결되어 있고 중간 구분선 오른쪽의 F에서 J에는 연결되어 있지 않다(그림2). 즉, 중간 구분선을 기준으로 양쪽이 격리되어 있다(전기적으로 연결되어 있지 않음).

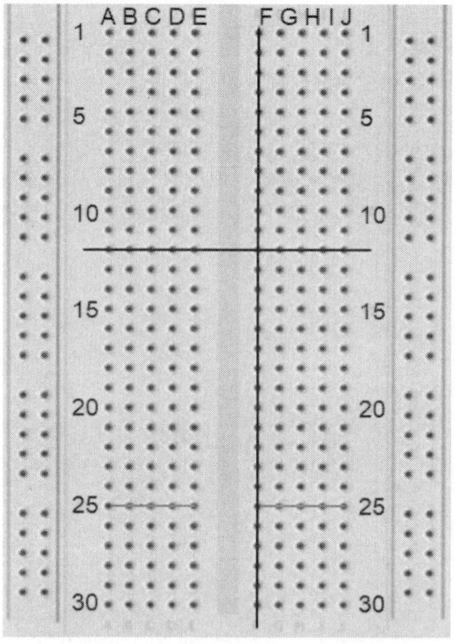

그림 2 브레드보드의 구멍 지정

- 전원레일: 브레드보드의 양쪽 끝에 두 개의 전원레일이 있다(그림3). 전원레일은 회로에 외부 전원공급 장치를 연결할 때 사용한다. 빨간색 선으로 표시된 열은 회로에 양

의 전압(+)을, 파란색(또는 검정색)으로 표시된 열은 회로에 접지(−)를 연결하는 곳이다. 브레드보드에서 빨간색과 파란색 선이 중간에 끊겨 있어서 전원레일의 왼쪽 절반과 오른쪽 절반은 전기적으로 분리되어 있다. 그림3에 보인 것처럼 분리된 전원 레일을 점퍼 선으로 연결해서 사용할 수 있다(그림3).

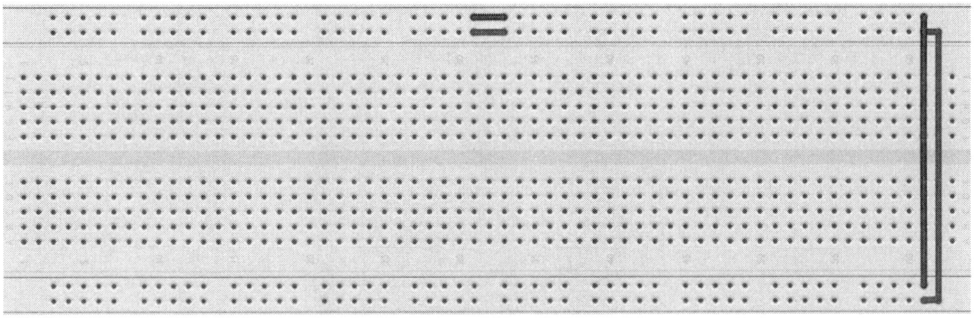

그림 3 전원레일 연결

• 수직 홈: 그림4에 보인 것처럼 브레드보드 중앙에 홈이 있는데 이 홈을 기준으로 브레드보드를 대칭으로 나눈다(전기적으로 절연). 이 홈은 IC(Integrated Circuits)와 같은 DIP(Dual-in-line Package)를 브레드보드에 끼울 때 사용한다. IC의 각 핀은 고유한 용도로 사용되므로 이 홈은 핀 사이의 단락을 방지한다(핀을 서로 절연시킴). 핀셋(또는 리프터)을 사용하면 브레드보드에서 IC를 안전하고 쉽게 탈착할 수 있다.

그림 4 DIP IC 사용

2) 브레드보드 사용법

브레드보드의 내부는 구멍 아래에 전도성 금속 클립 줄이 있고 부품이 삽입될 때 클립은 부품의 다리(리드 선)를 고정시킨다. 행마다 5 개의 금속 클립이 있고 이들은 서로 전기적으로 연결되어 있다. 그림5에서와 같이 부품의 두 다리를 동일 행에 삽입해서는 안 된다(단락 발생). 가변 저항이나 DC 모터와 같은 일부 부품에는 다리가 없다. 이 경우 전선을 부품 단자에 납땜하고 전선을 브레드보드 구멍에 삽입한다.

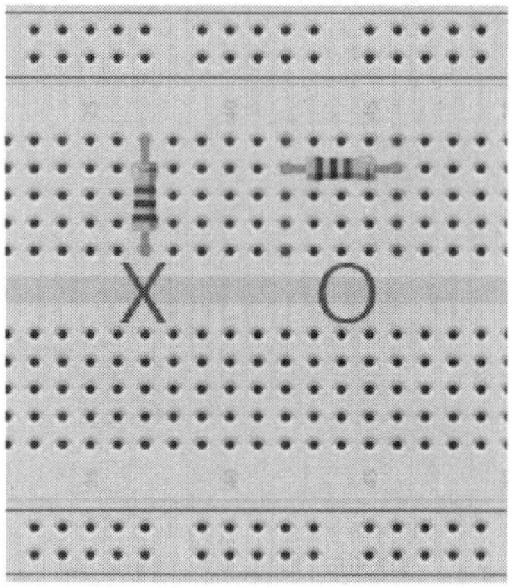

그림 5 부품 삽입

전기 · 전자회로를 구현하려면 회로 연결을 그림으로 표현한 회로도를 따라하는 것이 좋다. 회로도에서는 부품마다 해당 기호를 사용한다. 회로도를 브레드보드에 구현하면 회로도와 구현된 실제 회로는 부품의 위치가 달라서 동일하게 보이지 않기 때문에 부품을 올바르게 연결하는 것이 중요하다. 그림6은 푸시버튼을 누를 때마다 회로에 LED가 켜지는 회로도이다. 이를 브레드보드에 단계별로 구현해보자.

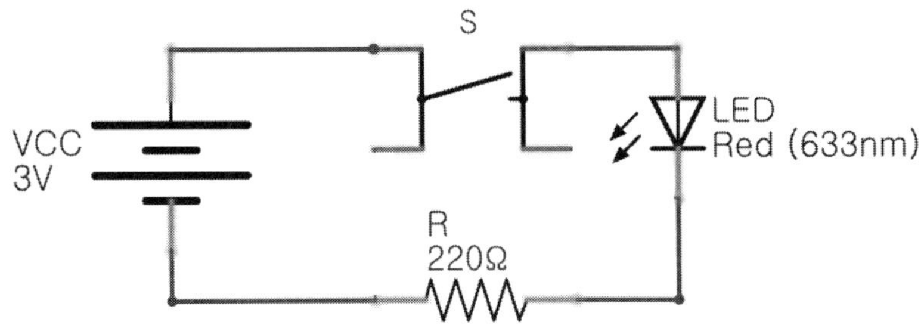

그림 6 LED 회로도

① 브레드보드의 전원레일 아래의 임의의 위치에 푸시버튼을 삽입한다(두 다리를 절대 동일한 행에 삽입하면 안 된다). 다리 한쪽을 전원레일의 (+)에 점퍼 선으로 연결한다.

② 푸시버튼의 나머지 다리를 LED의 긴 다리(+)에 연결한다.

③ LED의 나머지 다리를 저항에 연결한다.

④ 저항의 나머지 다리를 직접 전원레일의 접지(−)에 연결하거나 그림7과 같이 점퍼 선으로 연결한다.

⑤ 마지막으로 전원공급(배터리) 장치의 양극과 음극의 리드 선을 브레드보드 전원레일의 (+)와 (−)에 각각 연결한다. 최종 연결된 회로는 그림7과 같다.

⑥ 푸시버튼을 눌러 회로를 시험한다. LED가 켜지지 않으면 부품의 연결을 확인한다.

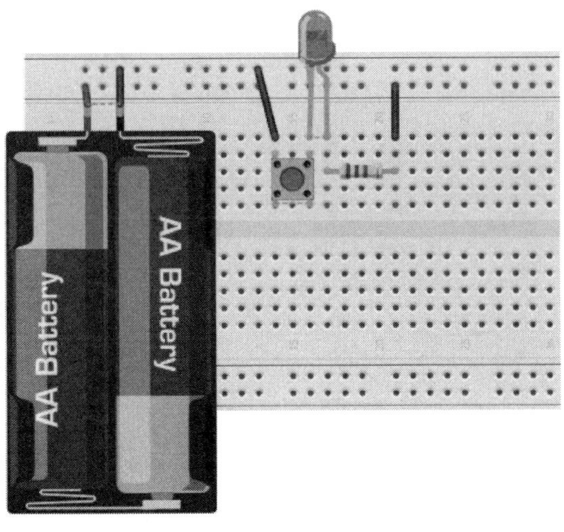

그림 7 브레드보드에 구현된 LED 회로